Frank Konrad

Planung von Photovoltaik-Anlagen

Frank Konrad

Planung von Photovoltaik-Anlagen

Grundlagen und Projektierung

2., erweiterte und aktualisierte Auflage

Mit 59 Abbildungen und 16 Tabellen

PRAXIS

VIEWEG+
TEUBNER

Bibliografische Information der Deutschen Nationalbibliothek
Die Deutsche Nationalbibliothek verzeichnet diese Publikation in der Deutschen Nationalbibliografie; detaillierte bibliografische Daten sind im Internet über <http://dnb.d-nb.de> abrufbar.

1. Auflage 2007
2., erweiterte und aktualisierte Auflage 2008

Lektorat: Karina Danulat | Sabine Koch
Technische Redaktion: Annette Prenzer

Vieweg+Teubner ist Teil der Fachverlagsgruppe Springer Science+Business Media.
www.viewegteubner.de

Umschlaggestaltung: KünkelLopka Medienentwicklung, Heidelberg
Druck und buchbinderische Verarbeitung: Wilhelm & Adam, Heusenstamm
Gedruckt auf säurefreiem und chlorfrei gebleichtem Papier.
Printed in Germany

ISBN 978-3-8348-0586-7

Vorwort zur 2. Auflage

Erneuerbare Energien gewinnen, erneut angeschürt durch die permanente Erhöhung der Energiepreise, immer größere Bedeutung. Explizit die Photovoltaik bietet eine gute Strategie einen Grundbeitrag zum Energiemix der erneuerbaren Energien beizutragen. Durch neue technische Möglichkeiten und die Weiterentwicklung bestehender Systeme wird der spezielle Einsatz in der Gebäudehülle baukonstruktiv vereinfacht. Vor allem eine große Anzahl von ästhetischen Lösungen können in Gebäudeentwürfen verwirklicht werden. Photovoltaik wird flexibel. Ein immer wichtiger werdender Markt der Zukunft.

Holzheim, Juni 2008

Frank Konrad

Vorwort zur 1. Auflage

Der Schock der Ölkrise hat 1974 eine Entwicklung in Gang gesetzt, an deren Ende wir noch lange nicht angekommen sind.

Angesichts globaler Klimaänderungen im Zusammenhang mit der Verbrennung fossiler Brennstoffe bieten erneuerbare Energieträger eine interessante Perspektive der umweltschonenden Energieversorgung. Dazu zählt auch die Photovoltaik, welche die Möglichkeit der direkten Wandlung von Sonnenstrahlung in Strom bietet.

Die Notwendigkeit der Einsparung fossiler Energien führte in der Bundesrepublik zu einer Reihe zunehmend strengerer Wärmeschutzverordnungen (1976, 1980, 1995, 2001).

2001 trat als zentrales Element der Energie- und Klimaschutzpolitik die Energieeinsparverordnung (EnEV) in Kraft. Der Niedrigenergiestandard, der sich in den letzten Jahren bereits auf freiwilliger Basis etabliert hatte, wurde dadurch planerische Notwendigkeit. Der zulässige Heizenergiebedarf wurde gegenüber der WSVO von 1995 um weitere 30 % gesenkt. Darüber hinaus wurde erstmals der gesamtenergetische Aspekt eines Gebäudes beurteilt. Zur Erleichterung des Vergleichs und der Bewertung von Immobilien erhielt seitdem jedes neue Gebäude einen „Energiebedarfsausweis“. 2008 wird nunmehr der lang umstrittene „Energiepass“ eingeführt. Erneuerbare Energien werden, besonderst unter dem Gesichtspunkt der steigenden Energiekosten, immer bedeutsamer in der Architektur.

Solarenergie in der Architektur

Solarenergie in der Architektur – eine Modeerscheinung? Oder eine Notwendigkeit? Eine Infrastrukturmaßnahme wie Abwasserrohre und Parkplätze? Obligatorisch oder obsolet? Stil bildend oder Stil vernichtend? Wirklich wichtig oder eine Nebensache?

"Solar Architecture is not about fashion - it is about survival"

Lord Norman Foster

Eine anspruchsvolle Gestaltung und Formgebung für diese neue solare Anforderung an die Gebäudehüllflächen ist eine wichtige Aufgabe für Architekten. Wenn die vorhandenen Solarenergiepotenziale an den Gebäudehüllen genutzt werden, wird sich auch das Gesamtbild unserer Städte verändern. Wir stehen am Beginn eines solaren Zeitalters, das von Architekten und Designern mit gestaltet wird.

Bereits im März 1996 wurde von führenden Architekten die "*Europäische Charta für Solarenergie in Architektur und Stadtplanung*" verfasst. Zu den Erstunterzeichnern gehörten:

- Ralph Erskine, Stockholm S
- Lord Norman Foster, London GB
- Nicholas Grimshaw, London GB
- Thomas Herzog, München D
- Francoise Jourda, Lyon F
- Frei Otto, Leonberg D
- Gustav Peichl, Wien A
- Renzo Piano, Genua I
- Sir Richard Rogers, London GB
- Otto Steidle, München D

Diese fordern:

"(...) Das Ziel künftiger Arbeit muss deshalb sein, Stadträume und Gebäude so zu gestalten, dass sowohl Ressourcen geschont, als auch erneuerbare Energien - speziell Solarenergie - möglichst umfassend genutzt werden, wodurch die Fortsetzung der genannten Fehlentwicklungen vermieden werden kann.

Zur Durchsetzung dieser Forderungen sind die derzeit bestehenden Ausbildungsgänge, Energieversorgungssysteme, Finanzierungs- und Verteilungsmodelle, Normen und Gesetze den neuen Zielsetzungen anzupassen. (...)"

Somit gehören solare Konzepte wie Wärmegewinnung durch Einstrahlung, Solarthermische Anlagen, kontrollierte Belüftung, Erdwärmepumpen, Photovoltaik oder aber auch der Einsatz von Biomasse zum zukünftigen Planungsbereich der Architekten.

Dank

Das vorliegende Werk entstand auszugsweise im Rahmen meines Architekturstudiums an der Fachhochschule Wiesbaden. Hiermit möchte ich mich nochmals bei dem Dekan, Herrn Prof. Dipl.-Ing. Alfram R. Edler von Hoessle bedanken, der mir diese Studienarbeit ermöglichte.

Ein besonderer Dank gilt meiner Frau Melanie Konrad, die sich immer aktiv für mich einsetzte und mich in jeder Situation im großen Umfang voll unterstützte. Danke für das Verständnis und die Hilfe.

Des Weiteren möchte ich mich bei all den Firmen, die mich bei der Entstehung dieses Buches unterstützt haben für die gute Zusammenarbeit bedanken. Besonderer Dank gilt der Shell Solar GmbH und der Sunways AG.

Inhalt

1 Grundlagen

Fossile Rohstoffe zur Energiegewinnung und Produktion sind sehr begrenzt. Die Menschheit sollte, auch im Hinblick auf unsere Nachkommen, behutsam damit umgehen, denn einmal abgebaute Ressourcen können nicht mehr ersetzt werden. Diese sind für immer verloren.

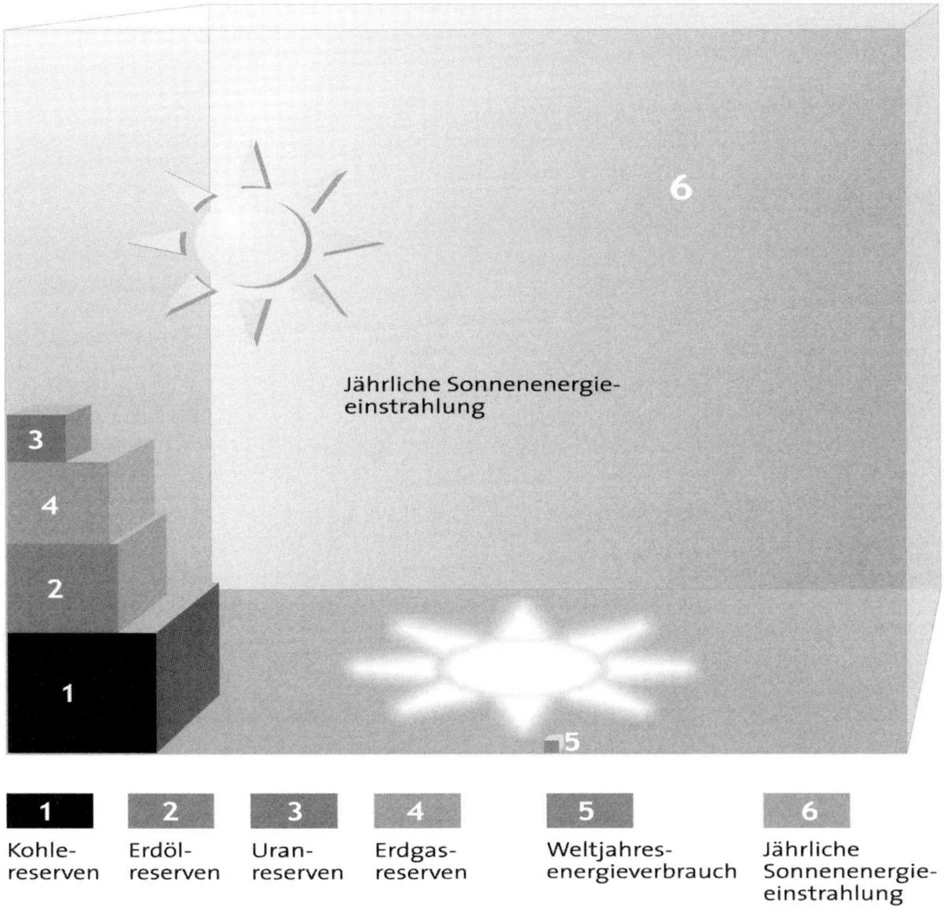

Abb. 1–1 Rohstoffressourcen

Ein riesiges Potential unbegrenzter Energie durch Solarstrahlung steht uns weltweit kostenlos zur Verfügung. Zu viele Entwicklungsgelder wurden damals in die Atomenergie investiert. Wie sich sehr schnell herausstellte, war dies eine Fehlentscheidung, da diese Art der Energiegewinnung mit sehr großen Problemen und Gefahren (Tschernobyl, Endlagerung, etc.) verbunden ist.

Neue High-Tech-Entwicklungen wie z. B. Solar- und Geothermiekraftwerke könnten in Zukunft den größten Teil an benötigter Energie erzeugen, nachhaltig und umweltschonend. Denn im Erdinneren ist ein 1000faches des benötigten Weltenergiebedarfs gespeichert.

Derzeit werden lediglich nur ca. 4 % des europäischen Energiebedarfs durch regenerative Energien erzeugt. Bis ins Jahr 2015 soll der Anteil laut EU bis auf 25 % angehoben werden.

Die Nutzung alternativer Energiequellen muss ausgebaut und die Technik optimiert werden. Bereits heute sind die Rohstoffe ein kostbares Gut. Weltweit schwinden die Rohstoffreserven. Mit der Verknappung aller fossilen Energieträger steigen die Preise. Das ist die Chance für solare Systeme, denn sie werden sich in Zukunft besser rechnen.

Architekten, Planer und Ingenieure werden in Zukunft unweigerlich immer häufiger mit dem Thema „Solartechnik“ und „Energieeinsparung“ konfrontiert werden.

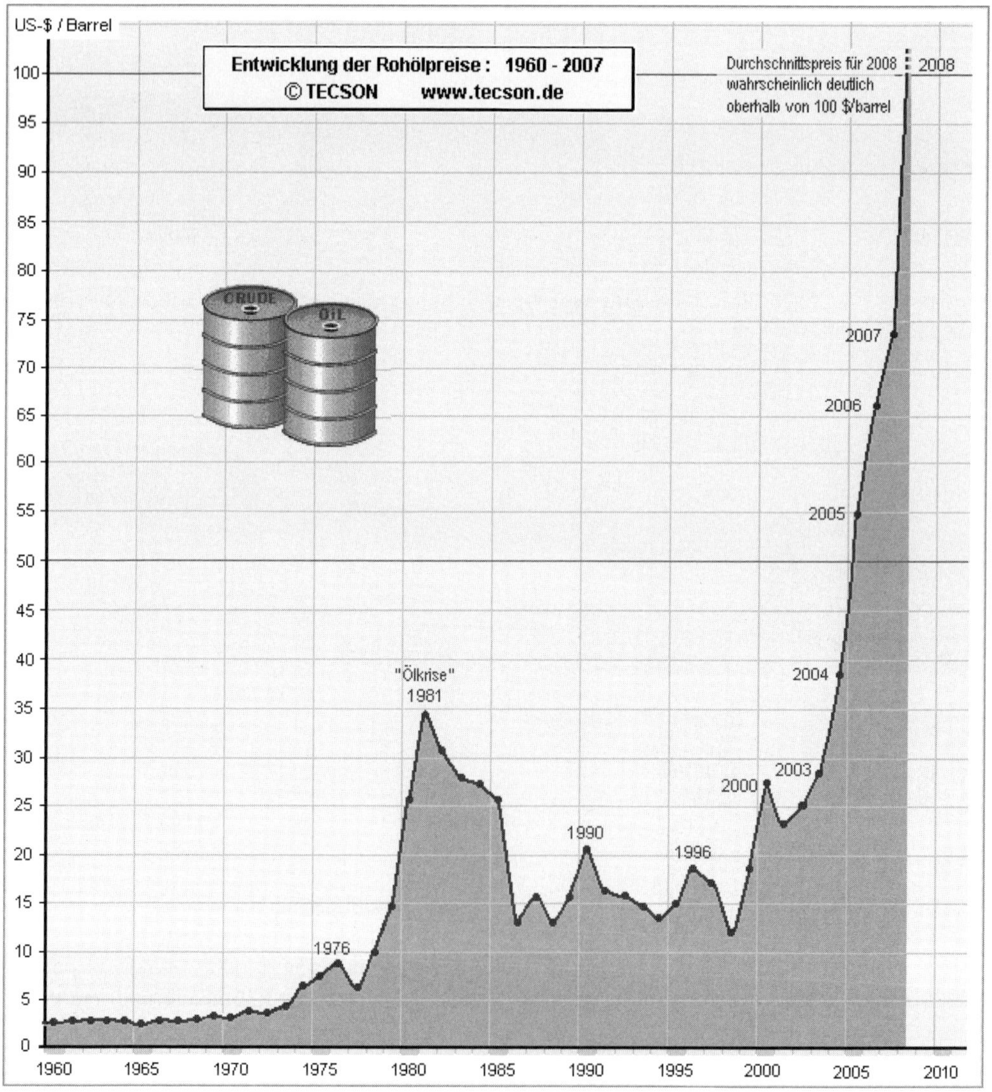

Abb. 1–2 Rohölpreisentwicklung 1960 - 2007

Die Entstehung der Photovoltaik

Die photovoltaische Stromerzeugung stellt eine weite Form der direkten Nutzung der Globalstrahlung dar. Der Begriff Photovoltaik leitet sich aus dem griechischen Wort *phos*, photo = Licht und dem italienischen Physiker Graf Volta, dem Namensgeber für die Einheit der elektrischen Spannung, ab. Photovoltaik bezeichnet damit den Vorgang einer direkten Stromerzeugung aus (Sonnen-) licht. Die Entdeckung des „photovoltaischen Effekts" reicht bis in das 19. Jahrhundert zu den Arbeiten des Physikers Becquerel zurück. Dennoch wurden erst Mitte des 20. Jahrhunderts anwendungsreife Photovoltaiksysteme entwickelt, die für den Einsatz technischer Systeme im Weltraum konzipiert waren. In den 70er Jahren wurden dann die ersten Pilotanlagen und zum Teil auch schon gebäudeintegrierte[1] Anlagen installiert.. Durch diverse Förderprogramme gibt es seit 2003 eine rasante Entwicklung der Photovoltaik. Dieser Begriff umfasst zwei Möglichkeiten der aktiven Nutzung von Sonnenenergie.

1. Solarthermie

Hierbei wird durch die Nutzung der Solarstrahlung eine Flüssigkeit, die durch einen separaten Kreislauf geleitet wird, erwärmt. Ermöglicht wird dies durch die Verwendung unterschiedlicher Kollektoren wie z. B. Flach- oder Vakuumkollektoren.

Die dadurch gewonnene Energie erwärmt wiederum einen Solarspeicher, der an das Brauchwassernetz und / oder an die Heizungsunterstützung angeschlossen ist. Bei gut dimensionierten Anlagen kann dadurch in den Monaten April – September auf eine Heizungsunterstützung verzichtet werden.

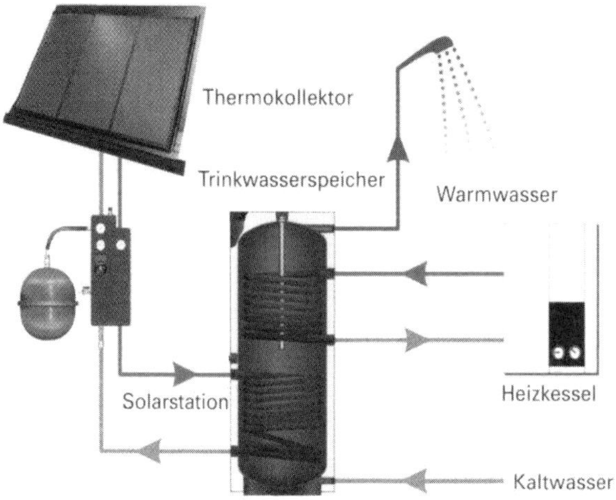

Abb. 1–3 Solarkreislauf

1 vgl. Stark 2000

2. Photovoltaik

Die Photovoltaik nutzt die direkte und die diffuse Strahlungsenergie der Sonne zur Erzeugung von Strom mit Hilfe von Solarzellen. Siliziumzellen wandeln Sonnenlicht in elektrischen Strom um. Es gibt die Möglichkeit zur Installation einer „Insellösung", bei der der gewonnene Strom direkt selber verwendet wird. Aufgrund der derzeitigen Einspeisevergütung ist es allerdings wirtschaftlicher, netzgekoppelte Photovoltaik-Anlagen[2] zu realisieren. Beide Systeme sind für eine Integration in der Gebäudehülle geeignet, ideal ist es, beide Solar-Anlagen-Typen zu berücksichtigen.

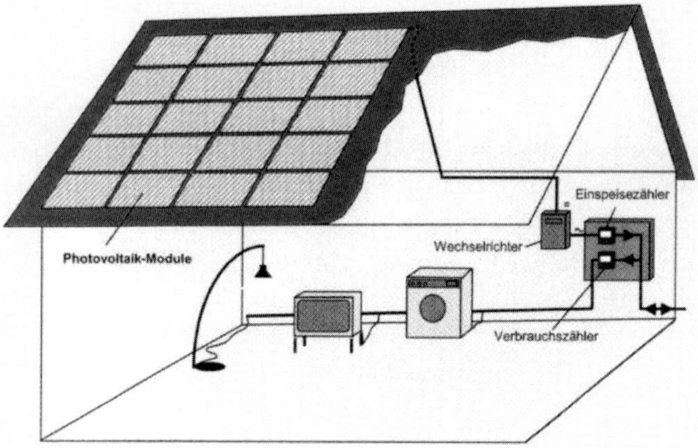

Abb. 1–4 Prinzipskizze Photovoltaik

1.1 Sonnenstrahlung

Die Lufthülle unserer Erde, die Meere und die Landmassen saugen quasi die Sonnenstrahlung auf und wandeln sie in Wärme um. Dadurch wird die Erdoberfläche auf etwa 15 °C erwärmt. Diese Temperatur ist die Grundvoraussetzung für alles Leben.

Wir, die Menschen, Tiere und Pflanzen verdanken daher der Sonne die Existenz. Selbst der natürliche Wasserkreislauf und das Entstehen von Wind werden von dieser Sonnenstrahlung ausgelöst und in Bewegung gehalten.

Bereits seit gut vier Milliarden Jahren versorgt die Sonne schon unseren Planeten mit Wärme und Licht. Und sie wird dies mit Sicherheit auch die nächsten vier Milliarden Jahre tun.

Die Erde dreht sich um die eigene Achse und gleichzeitig um die Sonne. Die Position der Erde zur Sonne bestimmt die Jahreszeiten und ist somit entscheidend für die solaren Strahlungsgewinne. Der tägliche Sonnenlauf beginnt mit dem Sonnenaufgang im Osten und endet mit dem Sonnenuntergang im Westen.

---

2 BSI, Photovoltaik Kraftwerk 2004 (Kundenbroschüre)

Sonnenhöchststand ist der 21. Juni

Sonnentiefststand ist der 21. Dezember

Der Azimutwinkel wird dazu benötigt, anzugeben wie weit das Projekt aus der Nord- bzw. Südachse „herausgedreht" ist. In diversen Softwareprogrammen wird oftmals auch der Süden als 0° definiert. In diesem Fall ist Osten (-90°) und Westen (+90°).

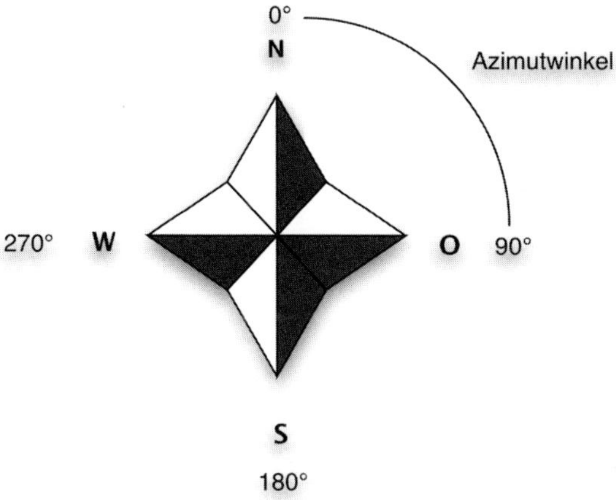

Abb. 1–5 Azimutwinkel

Der Zenitwinkel gibt die Position der Sonne als Höhenposition an. Ausgangspunkt ist der Zenit. Dieser liegt 90° zur Horizontalen gemessen. Steht die Sonne also hoch am Himmel, ist der Zenitwinkel klein. Steht die Sonne am Abend oder im Winter niedrig, so ist dieser Winkel größer.

Die Strahlung der Sonne, die auf die Erde trifft, liefert im Jahr über 219.000 Billionen kWh Energie. Das ist 2.500 mal mehr, als die gesamte Weltbevölkerung verbraucht.[3]

In Deutschland beträgt die durchschnittliche Globalstrahlung etwa 1.000 kWh/m^2/a, was circa 50 % der Strahlungsintensität entspricht, die auf die Sahara trifft. Dazwischen, im Süden Spaniens und in Nordafrika, liegt der Wert bei 1.750 kWh/m^2/a

Daraus ergibt sich für Deutschland bei Umwandlung in

Strom	100	kWh	im Jahr
Wärme	300–600	kWh	im Jahr.

[3] Bundesverband der Solarindustrie, Berlin

Globalstrahlung in der Bundesrepublik Deutschland

Mittlere Jahressumme, Zeitraum: 1981 – 2000

(Quelle: DWD, Hamburg)

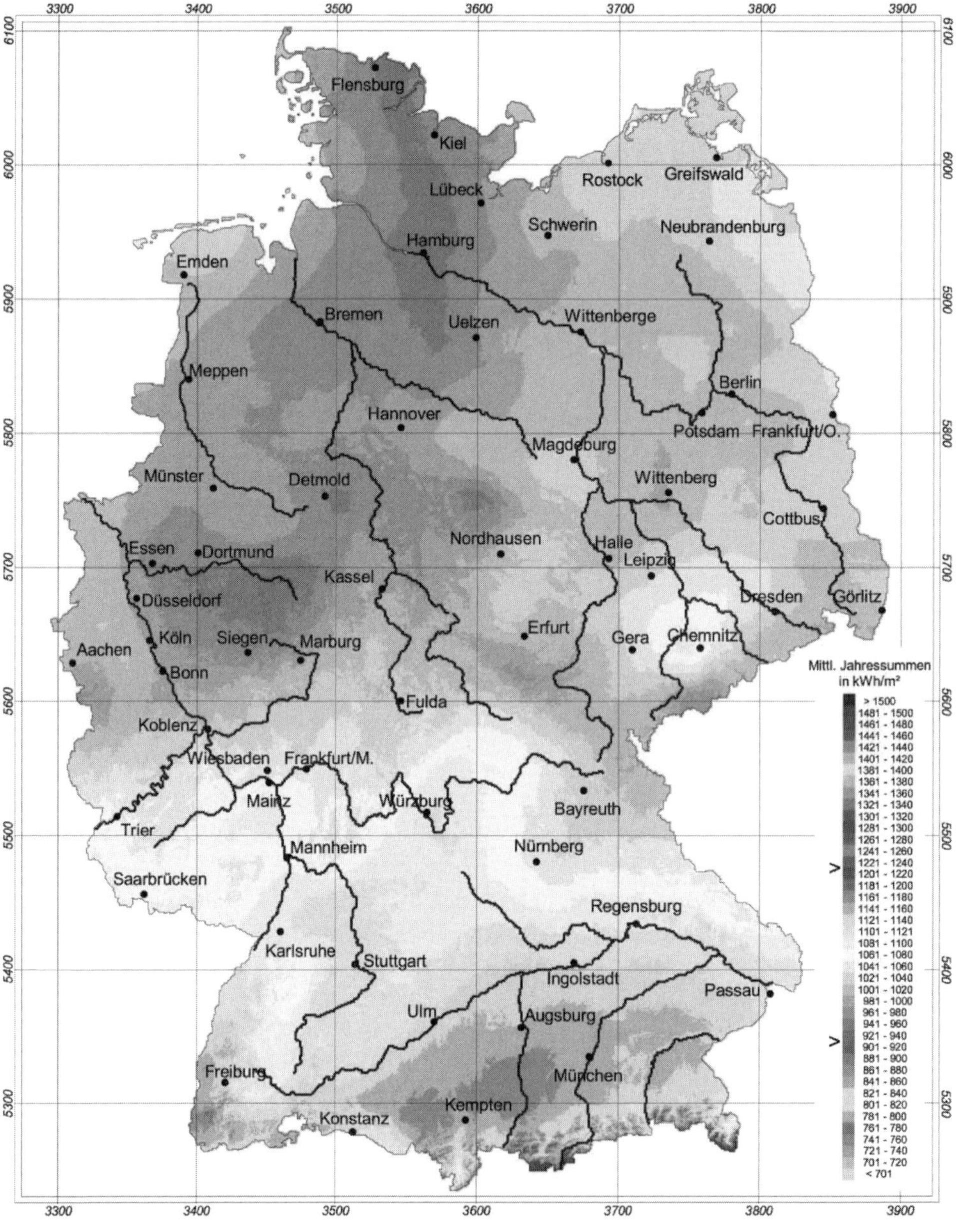

Abb. 1–6 Globalstrahlung

1.1.1 Standort/Ausrichtung

Die Position und der Standort des Projektes haben großen Einfluss auf die Rentabilität des Bauvorhabens. Es ist gar nicht so entscheidend, welche Ausrichtung die Module aufweisen, sondern vielmehr beeinflusst die Modulneigung den Wirkungsgrad. Optimale Energieerträge erzielt man in Deutschland mit einer ca. 30° zur horizontalen nach Süden geneigten Fläche, z. B. einem schrägen Hausdach.

Von allen Schrägdächern sind solche in Pultform am besten, weil sie ein gutes Verhältnis zwischen Ertrag und Ausnutzung der Grundfläche des Hauses bieten. Ein Satteldach mit 30° Neigung und Südausrichtung steht hingegen gar nicht einmal so gut da, es nutzt nur 57,7 Prozent der Grundfläche eines Hauses mit quadratischem Grundriss.

Erstaunliche Werte ergeben sich bei Satteldächern mit einer West-Ost-Ausrichtung. Zwar kann man auf Grund der ungünstigen Ausrichtung nur mit 70 bis 87 Prozent des Ertrages rechnen, doch die nutzbare Dachfläche ist mit bis zu 200 Prozent im Vergleich zur Grundfläche extrem hoch. Wenn die Preise für Solaranlagen weiter fallen, werden auch größere Flächen bezahlbar sein und die Zahl der infrage kommenden Dächer wird wachsen.

Tab. 1–1 Einstrahlung

Modulneigung	**10°**	**30°**	**90°**
Ost-Ausrichtung	90 %	85 %	60 %
Süd-Ausrichtung	90 %	100 %	75 %
West-Ausrichtung	90 %	85 %	60 %
Nord-Ausrichtung	90 %	70 %	30 %

Den Einstrahlungsgewinn kann man projektspezifisch über diverse Simulationsprogramme exakt berechen. Der Markt für diese Software ist zwischenzeitlich umfangreich geworden. Je nach gewünschten Anforderungen ist ein Vergleich lohnenswert, da nicht jeder Planer alle Informationen, die ein Programm erstellt, benötigt.

Zur Planung einer Anlage wird nicht immer die genaue Einstrahlung benötigt. Gerade bei kleinen Bauvorhaben ist oftmals der Aufwand zur Ermittlung der Solarstrahlung auf die Moduloberfläche zu groß. Zudem muss man, wenn man es genau nimmt, auch noch die Umgebungsreflexionen berücksichtigen.

Um dennoch im frühen Vorfeld den zu erwartenden Ertrag abschätzen zu können, ist die nachfolgende Grafik dienlich.

Die beste Ausrichtung in unseren Breitengraden für Photovoltaik-Module ist Süden mit einem Modulneigungswinkel von ca. 30°.

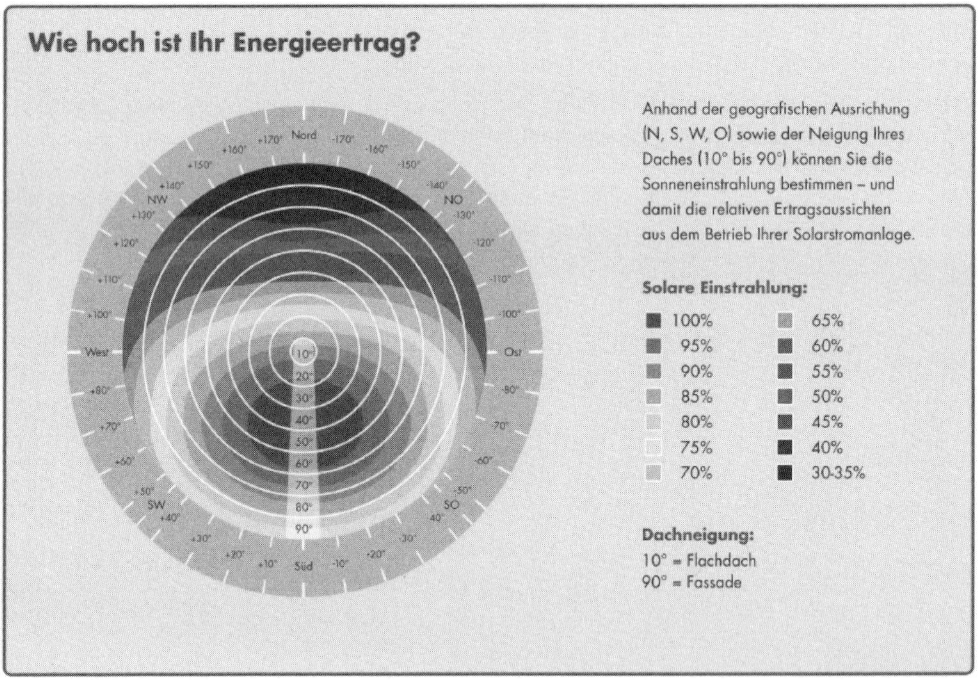

Abb. 1–7 Einstrahlung (Quelle: Shell Solar GmbH)

1.1.2 Verschattung

Grundsätzlich unterscheidet man in der Photovoltaik und Solartechnik drei verschiedene Schattenarten:

- Temporäre Schatten
- Standortbedingte Verschattung
- Entwurfsbedingte Verschattung

Tab. 1–2 Verschattung

	Ursache	Lösung
Temporäre Schatten	- Laub - Schneefall - Vogelkot	Eine Minimierung ist durch ausreichende Neigung zu erzielen. Je stärker die Neigung, desto größer ist der Selbstreinigungseffekt.
Standortbedingte Verschattung	- Hanglage - Nachbarschaft hoher Gebäude, bzw. hoher Bäume	Zur Beurteilung der Umgebung kann vor Ort ein auf Folie kopiertes Sonnenbahn-Diagramm verwendet werden.
Entwurfsbedingte Verschattung	- Versetzte Baukörper - angewinkelte Baufluchten - Höhenstaffelungen - Dachaufbauten (Gauben, Kamine, Aufzugsüberfahrten, etc.) - Fassadenvorsprünge (Erker, Balkone, Vordächer, etc.)	Mit CAD-Verschattungsstudien kann schon im frühen Entwurfsstadium die ungestörte Besonnung von PV-Flächen kontrolliert werden.

Warum wird der Vermeidung von Schattenbildung soviel Bedeutung beigemessen?

Durch die Verschattung kommt es zu Energieeinbußen. Es werden dabei nicht nur die unmittelbar betroffenen Solarzellen außer Kraft gesetzt, vielmehr wird der gesamte String in Mitleidenschaft gezogen: eine verschattete Zelle produziert keinen Strom, sie verbraucht sogar den Strom, den die übrigen Zellen des Strings produzieren und setzt ihn in Wärme um. In der Vergangenheit konnte die Erhitzung einer kleinen, beispielsweise durch Vogelkot verschatteten Stelle (hot spot) gar zu Beschädigung des Moduls führen. Dies ist heute dank des Einsatzes von Bypass-Dioden nicht mehr der Fall, doch sollten vor allem nahe Schatten, z. B. durch Rahmenkonstruktionen auch heute noch, wenn irgend möglich, vermieden werden. In einem gewissen Maße ist es möglich, die Verstringung auf unvermeidbare Verschattung einzurichten, bzw. einzelne Module nicht anzuschließen oder mit einem separaten Wechselrichter zu versehen. Bei starker oder zahlreicher Verschattung stellt sich aber die Frage, ob die gefundene Lösung noch ökonomisch vertretbar und technisch sinnvoll ist.

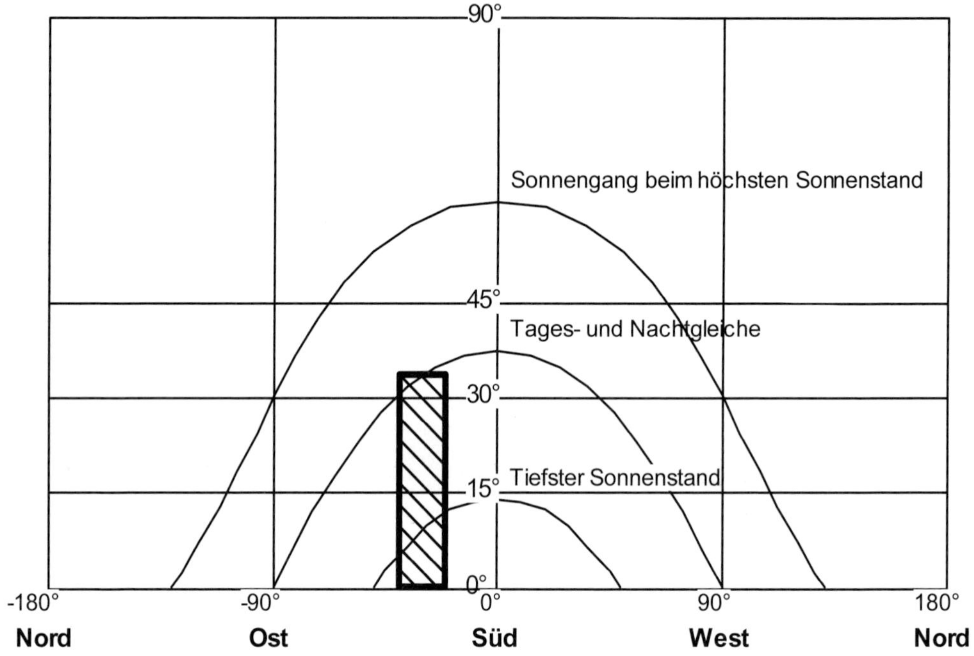

Abb. 1–8 Schattensimulation

1.2 Generator/Module

Fällt Licht auf eine Siliziumscheibe, werden Elektronen freigesetzt. Damit diese genutzt werden können, wird die Zelle auf der Vorder- und Rückseite mit Fremdatomen, z. B. Bor und Phosphor, gezielt verunreinigt. Dadurch wandern die negativen Elektronen alle auf eine Seite und die positiven Ladungsträger auf die andere. Es entstehen ein Plus- und ein Minuspol wie in einer Batterie. Wird ein Verbraucher angeschlossen, fließt Strom. Selbst geringe Lichtstärken, wie sie bei bewölktem Himmel auftreten, werden in der Solarzelle in Strom umgesetzt. Die Stromstärke ist allerdings proportional zur Lichtstärke – je mehr Sonnenschein, desto mehr Solarstrom. Die Spannung der Solarzelle bleibt dagegen fast unverändert.

Eine Siliziumzelle erzeugt eine Spannung von etwa 0,6 Volt. Die Stromstärke hängt von der Größe der Zellen ab. Die typischen Solarzellen mit einer Größe von 10 cm x 10 cm erzeugen etwa 3 Ampère Strom. Eine einzelne Zelle hat ca. 1,4 Watt Leistung. In einer 1 kWp–Anlage sind somit ca. 670 Solarzellen verschaltet.

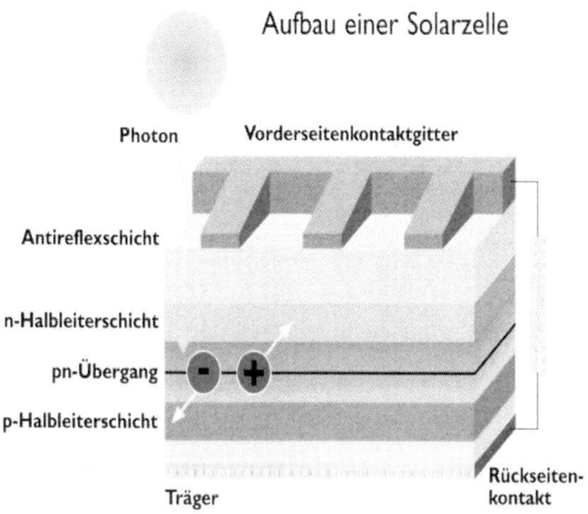

Abb. 1–9 Solarzelle (Quelle: BSI)

Abb. 1–10 Monokristalline Solarzelle (Shell Solar GmbH)

Es gibt verschiedene Arten von Solarzellen:

Monokristalline Solarzellen

Siliziumsolarzellen werden üblicherweise aus Säulen oder Blöcken in 0,3 mm dicke Scheiben gesägt. Eine Säule, die aus einem einzigen Kristall besteht, wird aus flüssigem Silizium gezogen. Die daraus gefertigten Solarzellen nennt man *monokristallin*. Ihr Wirkungsgrad zur Umwandlung von Sonnenenergie in Strom erreicht über 15 %.

Polykristalline Solarzellen

Wird das flüssige Silizium in Blöcke gegossen, ergibt sich bei der Erstarrung die typische Eisblumenstruktur aus einer Vielzahl von einzelnen Kristallen. Die daraus hergestellten Zellen bezeichnet man als *polykristallin*. Ihr Wirkungsgrad beträgt über 14 %.

Dünnschichtsolarzellen

Dünnschichtsolarmodule stellen eine kostengünstige Option zur Nutzung der Sonnenenergie dar. Zur Herstellung wird extrem wenig Halbleitermaterial benötigt. Hierbei werden die photoaktiven Halbleiter als dünne Schichten auf eine Glasscheibe aufgebracht und direkt zu Modulen verschaltet und mit einer zweiten Glasplatte hermetisch versiegelt. Die *amorphen* Siliziumzellen finden oftmals in Kleingeräten wie z. B. Taschenrechnern Verwendung. Ihr Wirkungsgrad liegt zum Teil bei nur 6 %. Dünnschichtmodule mit einem Wirkungsgrad von über 10 % sind zurzeit in Entwicklung. Dennoch werden diese Zellen aufgrund der aufwendigen Siliziumherstellung immer bedeutsamer und werden sich wohl in der Fassadenintegration etablieren.

Des Weiteren unterscheiden sich die Zelltypen auch im Platzbedarf und der daraus resultierenden Leistung. Es sollte deshalb bei der Planung frühzeitig geklärt werden, ob die Fläche oder die Anlagenleistung für das Bauvorhaben ausschlaggebend ist.

Flächenbedarf

Der Architekt denkt in qm,
der Anlagenbauer in kWp.

Klärung:

Je nach Abhängigkeit des Modultyps (mono-, polykristallin oder amorph) variiert die benötigte Fläche für 1 kWp Leistung.

• Monokristalline Module	6 – 9	qm
• Polykristalline Module	9 – 11	qm
• Amorphe Module	16 – 20	qm

Die ideale Ausrichtung der Anlage sollte in unseren Breitengraden Südorientierung mit einer Neigung von 30° aufweisen.

Somit könnte man mit einer 5 kWp großen PV-Anlage den Jahresstromverbrauch eines 4 Personen-Haushalts decken.

1.2.1 Standard- oder Sonderlösungen

Kostengünstige Installationen von PV-Anlagen werden erreicht durch

1. Verwendung von Standardmodulen und -systemen
2. Verwendung von größtmöglichen Formaten (Montageaufwand), jedoch nicht größer als ca. 2 qm (Handhabbarkeit)
3. Frühzeitige Einbeziehung der gewählten Rastermaße in die Planung,

Bei der Planung von fassadenintegrierten PV-Anlagen und dem Einsatz von Spezialmodulen (z. B. Modulen im Isolierglasaufbau, semitransparente Module, Sonderformate) ist es notwendig, schon im frühen Entwurfsstadium Fachfirmen und Fachplaner für PV zur Beratung heranzuziehen. Auch Verstringung und Kabelführung setzen Bedingungen, über deren Konsequenzen man sich rechtzeitig Klarheit verschaffen muss, wenn man nicht nur ästhetisch, sondern auch technisch überzeugende Ergebnisse erzielen möchte.

Warum kann man die Module nicht teilen?

Wenn Module „in Form geschnitten" werden, d.h. kreisförmig oder mit abgeschrägten Ecken oder einfach nur geteilt werden, wird das Stromleitungsnetz zerstört. Die Module müssen dann interaktiv gestaltet werden und nur optisch, nicht technisch in den Generator integriert werden.

Es ist möglich, technisch einwandfreie, auf ein Projekt bezogene Sondermodule zu fertigen. Hierfür können jedoch keine Planungsregeln erstellt werden, da die Aufgabenstellung zu komplex ist. Die Einbeziehung von Fachplanern ist unumgänglich.

Warum kann man nicht unterschiedliche Modul-Formate miteinander kombinieren?

Alle Module der Strings, die an einem Wechselrichter angeschlossen sind, sind auf eine bestimmte Spannung ausgelegt. Die Spannung ergibt sich aus der Anzahl der Solarzellen, die ein Modul hat. Haben nun ein oder mehrere Module eine abweichende Spannung, benötigen sie einen eigenen Wechselrichter, ein nicht unerheblicher Kostenfaktor.

Spezialmodule

Individuelle Anforderungen an

- Form und Größe
- Farbe
- Transparenz
- Modulaufbau

machen Sonderanfertigungen erforderlich.

Abb. 1–11 PV-Module

1.2.1.1 Form und Größe

- Aus amorphem Silizium können theoretisch beliebige funktionsfähige Formate hergestellt werden.
- Mit kristallinem Silizium können Module mit einer Größe von bis zu 8 qm hergestellt werden.

Die Solarzellen können in Module beliebiger Form eingearbeitet werden. Je nach Anzahl der verarbeiteten Zellen müssen jedoch einzelne Zellen funktionslos geschaltet oder die Sonderformate an separate Wechselrichter angeschlossen werden.

Oftmals finden diese Module Anwendung bei Tonnen- und Foliendächern. Aber auch bei anderen Bereichen wie zum Beispiel bei Rucksäcken oder im Bootsbau finden sie Verwendung.

Abb. 1–12 Uni-Solar Flex Modul

1.2.1.2 Farbe

Zur Optimierung des Stromertrags werden in der Standardproduktion die ursprünglich grauen Wafer mit einer dunklen (blau bis schwarz) Antireflexschicht überzogen, die Absorption also erhöht. Aus gestalterischen Gründen können verschiedene andere Farbtöne in Sonderproduktion, zurzeit beispielsweise *Gold, Grün, Magenta,* hergestellt werden. Je heller die Farbe ist, desto ungünstiger wirkt sie sich auf den Ertrag aus. Die Effizienz dieser Zellen ist – ähnlich der Zellen ohne Antireflexschicht – um bis zu 30 % vermindert.

Transparenz

Es gibt 3 Arten, semitransparente Module herzustellen.

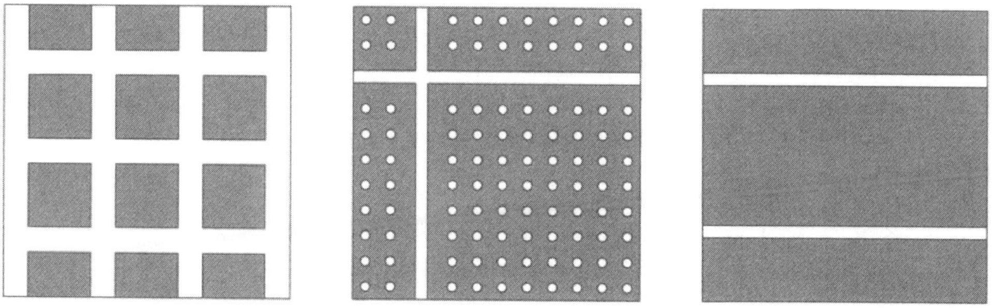

Abb. 1–13 Semitransparente Module

1. Kristalline Solarzellen werden in einem vergrößerten Abstand in einem Glas-Glas-Modul angeordnet, so dass mehr Licht zwischen die Zellenzwischenräume fallen kann. Der gewünschte Lichteinfall kann über die Zellabstände eingestellt werden. Der Schattenwurf im Innenraum ist entsprechend der Zellform und -belegung strukturiert.

2. Kristalline Zellen werden perforiert, so dass die Zellen selbst semitransparent sind. Der Lichtdurchlass erfolgt dann auf diffuse Art durch die Zellen.

3. Dünnschichtmodule aus amorphem Silizium können in semitransparenter Ausführung hergestellt werden. Der übliche Lichttransmissionsgrad beträgt ca. 20 % – entsprechend einer stark getönten Scheibe.

Nicht absorbiertes Licht liefert auch einen kleinen Beitrag zur Energieerzeugung – die flächenspezifische Leistung ist also geringer.

1.2.1.3 Modulaufbau

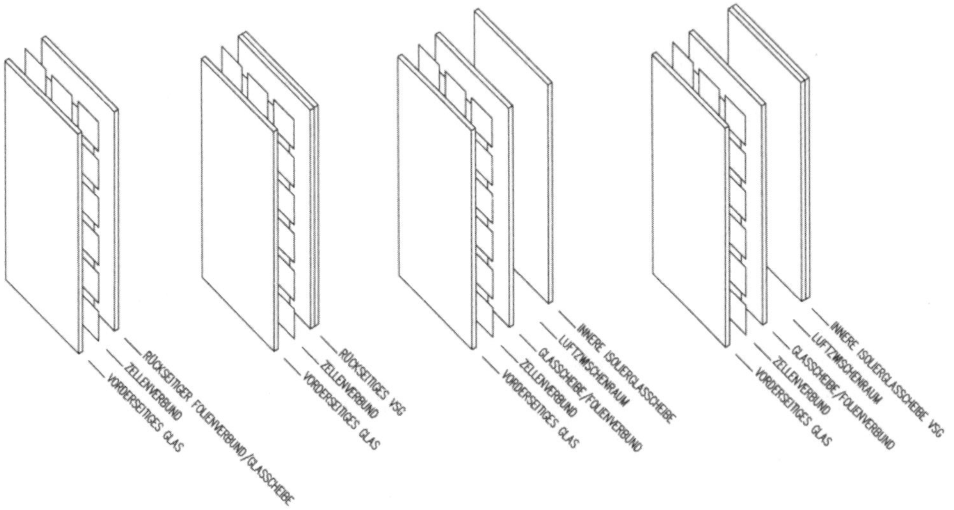

Abb. 1–14 Arten der Modulherstellung

1. Standardmodule werden mit einer rückseitigen Glas- oder Folienverbundabdeckung angeboten.
2. Für den Einbau im Überkopfbereich muss die Rückseite in Verbundsicherheitsglas ausgeführt werden.
3. Für Warmfassaden sind Ausführungen im Isolierglasbau möglich. Die Anschlussleitungen werden bei diesen Modulen über den Scheibenzwischenraum durch den Rand nach außen geführt und können so in den Profilen einer Fassadenkonstruktion verdeckt geführt werden.
4. Bei Isolierglasmodulen im Überkopfbereich muss auf der Innenseite das erforderliche Verbundsicherheitsglas verwendet werden.

1.2.2 Kühlung und Hinterlüftung

Die Solarstrommodule produzieren neben elektrischer Energie große Mengen an Wärme. Im Sommer kann die Modultemperatur auf 70 °C ansteigen.

Der Wirkungsgrad von kristallinen Silizium-Solarzellen ist höher, je kälter sie sind. Bei jedem Grad Temperaturerhöhung liefert die Solarzelle etwa ein halbes Prozent weniger Strom. Wenn sich die Solarzelle also auf 60 °C erhitzt, erzielt sie eine 20 % geringere Stromausbeute als bei 20 °C.

Bei der Planung eines Fassaden- oder Dachintegrationssystems ist es wichtig, die Frage der Modultemperatur zu berücksichtigen und für ausreichende Hinterlüftung der Module zu sorgen, so dass der größtmögliche Ertrag erzielt werden kann.

Je größer der Lüftungsquerschnitt ist, desto größer wird der Ertrag.

1.2.3 Belastbarkeit und Begehbarkeit

Im Dach installierte PV-Laminate können trotz ihres geringen Flächengewichts (G= 0,14-0,20 kN/qm) im Bereich der Auflager betreten werden. Davon ist jedoch abzuraten, da unsachgemäße Belastung (Danebentreten, Ausrutschen, etc.) zu Beschädigungen der Oberfläche (Mikrokratzer) und somit zu Ertragseinbußen führen.

Es sollte im Einzelfall geklärt werden, ob die im Regelwerk des deutschen Dachdeckerhandwerks geforderten Vorrichtungen für das Betreten der Dachfläche (Laufstege, Trittflächen, Sicherheitsdachhaken usw.) zu Reinigungs- bzw. Wartungsarbeiten erforderlich sind.

Solarzellen sind zum Schutz vor Witterungseinflüssen zwischen der Glasscheibe auf der Frontseite und der Rückseitenfolie (Tedlarfolie) in elastische Kunststoffmassen (Gießharz) eingebettet. So ist gewährleistet, dass die spröden Zellen bei statischer Belastung nicht brechen können.

Module, Rahmen, Unterkonstruktion und Befestigungselemente werden für Wind und Schneelast nach DIN 1055 Teil 4+5 bemessen. Weitere Tests zur Festigkeitsprüfung werden im Rahmen einer Zertifizierung nach Norm IEC 61215 durchgeführt. Dabei werden die Module

- Feuchte-/Wärmeprüfungen
- Temperaturwechselprüfungen
- Luftfeuchte-/Frostprüfungen etc.

unterzogen. Zum Beispiel wird bei einem Hageltest das Prüf-Modul mit Eiskugeln (Durchmesser 2,5 cm) beschossen.

1.3 Wechselrichter

Bestimmung des Wechselrichters

Die Anforderung an die Leistung des bzw. der Wechselrichter ist abhängig von der Anzahl der Module.

Je besser ein Wechselrichter ausgelastet wird, desto geringer ist sein Kostenanteil.

Allerdings kommt man von der maximalen Auslastung ab, da der Wirkungsgrad bei minimaler Überdimensionierung[4] um bis zu 10 % besser wird.

Bei Anlagen ab etwa 60 kWp kann alternativ zu den üblichen String-Wechselrichtern auch der Einsatz eines bzw. mehrer Zentralwechselrichter erwogen werden. Ob dies Vorteile bringt, muss von dem Gerätehersteller berechnet werden.

Abb. 1–15 SMA Weselrichter

1.3.1 Installation (Wechselrichter)

Zur Aufhängung an der Wand ist pro Wechselrichter eine Fläche von ca. 0,50 m x 0,50 m erforderlich. Der Wechselrichter kann auch einfach auf den Boden (z. B. auf das Flachdach unter dem Generator) gestellt werden.

Der Wechselrichter sollte, wenn möglich, in Generatornähe installiert werden.

Bei Gleichstrom entstehen durch lange Leitungsführung größere Leitungsverluste als bei Wechselstrom. Deshalb ist die Platzierung des Wechselrichters unmittelbar am Generator ideal.

Der Installationsort muss möglichst kühl und gut belüftet sein.

Je kühler die Umgebungstemperatur des Wechselrichters ist, desto effektiver arbeitet er. Der Wechselrichter produziert zudem selbst Abwärme. Je besser diese Wärme abgeführt wird, desto besser arbeitet er. Daher sind beispielsweise schlecht belüftete, enge Abstellkammern als Aufhängungsort ungeeignet.

Der Wechselrichter kann im Freien installiert werden.

Obwohl der Wechselrichter ein Gehäuse aus rostfreiem Edelstahl besitzt, das staubdicht und strahlwassergeschützt ist, sollte er durch eine Überdachung vor Niederschlag, Verschmutzung und Sonneneinstrahlung geschützt werden.

---

[4] Fachzeitschrift „Photon“ 09/2004 S.23

Der Wechselrichter sollte leicht zugänglich bleiben.

Bei der Auswahl des Installationsortes sollte beachtet werden, dass der in allen Wechselrichtern eingebaute Trafo ein brummendes Geräusch von sich gibt.

1.3.2 Kabelführung

Werden Kabel im Außenbereich frei verlegt (z. B. Aufdach-Montage Flachdach) sollten sie vor mechanischen und witterungsbedingten Einflüssen geschützt werden, z. B. durch Verlegung in Kunststoffrohren.

Für die Kabelführung einer Aufdach-Anlage Schrägdach werden üblicherweise Lüftungsziegel bzw. -dachsteine verwendet. Sind diese nicht vorhanden, genügt meist auch eine handwerklich hergestellte Aussparung an der Unterseite des Ziegels.

Kann bei der Aufdach-Montage Flachdach die Kabelführung in das Gebäude nicht durch eine vertikale Öffnung erfolgen (z. B. Wand eines aufgehenden Bauteils), empfiehlt sich die Verwendung eines Kunststoffrohres, das mit Hilfe eines Antennendurchgangs (z. B. Fa. Klöber: variabler Antennendurchgang „Passio“) durch die Dachdichtung geführt wird. Mit einem aufgesetzten Bogen auf das Kunststoffrohr wird das Eindringen von Wasser vermieden.

Es ist darauf zu achten, dass bei gleichstromseitiger Kabelführung (also vom Generator zum Wechselrichter, DC) Plus- und Minusleitung dicht nebeneinander verlegt werden. Ist ein Kreuzungspunkt nicht zu vermeiden, müssen beide Kabel in Kunststoffrohren geführt werden. Nicht direkt erkennbare Anschlüsse sind mit „+“ und „-“ zu kennzeichnen, um eine Verwechslung mit einer Wechselspannungsversorgung auszuschließen.

Für die gleichstromseitige Kabelführung innerhalb eines Hauses sollte für Plus- und Minusleiter jeweils ein Leerrohr mit 5 cm Durchmesser vorgesehen werden. Die Rohre sind ausreichend dimensioniert für 4 Solarkabel H07RN-F mit einem Durchmesser vom 4 mm^2, so dass 2 Wechselrichter mit einer Gesamtleistung von ca. 5 kWp angeschlossen werden können. Für Anlagen mit höherer Nennleistung müssen entsprechend größere bzw. mehrere Leerrohre verwendet werden.

Gleichstromleitungen dürfen ohne Verrohrung nicht unmittelbar neben Gasleitungen verlaufen. Es empfiehlt sich eine durchgehend geschlossene Rohrverlegung vom Dacheintritt bis in die Nähe des Wechselrichters.

2 Förderungen/Genehmigungen

2.1 Genehmigungen

PV-Anlagen sind bauliche Anlagen. **Sie bedürfen** in der Regel **keiner Baugenehmigung** durch die unteren Bauaufsichtsbehörden.

Falls jedoch Zweifel bestehen im Hinblick auf:

- Belange des Denkmalschutzes
- Gestaltungsatzungen
- Aussagen des Bebauungsplans
- Abstandsflächen

empfiehlt sich eine Klärung mit der örtlichen Bauaufsichtsbehörde.

Parallel zur Bauantragsplanung sollten:

- der Kontakt zum örtlichen Energieversorger (EVU) hergestellt werden, um den Einspeisevertrag einzuleiten und evtl. Anforderungen abzuklären.
- Anträge zur Gewährung evtl. öffentlicher Fördermittel gestellt werden.

2.2 Förderungen

Die Erzeugung von Strom mit Photovoltaik ist heute noch deutlich teurer als aus Kohle, Gas oder Uran. Da die Bundesregierung aus Umwelt- und Klimaschutzgründen, aber auch aus industriepolitischen Überlegungen möchte, dass heute schon möglichst viel Solarstrom erzeugt und genutzt wird, bestimmte sie, dass die Einspeisung von Solarstrom ab April 2000 mit einem erhöhten Satz vergütet wird.

Es gibt eine Vielzahl von Fördermöglichkeiten, die oftmals von den Berufszweigen abhängig sind. So erhalten zum Beispiel Landwirte, die sich zum Bau einer Photovoltaikanlage entschließen, teilweise eine Bezuschussung von den Landwirtschaftsverbänden.

Für die Mehrheit der Photovoltaikanlagenbetreiber kommt allerdings nur die reguläre Einspeisevergütung in Frage. Zuschüsse von Bund oder Land gibt es mit Einführung der erhöhten Einspeisevergütung zum 1.1.2004 nur selten. Förderungsprogramme von Gemeinden sind zu prüfen.

2.2.1 Einspeisevergütung

Mit dem so genannten Photovoltaik-Vorschaltgesetz zum Erneuerbaren-Energien-Gesetz, das am 1.1.2004 in Kraft trat, muss Strom aus Solaranlagen durch die Betreiber der Netze und örtliche Energieversorgungsunternehmen künftig mit mindestens 35,49 Cent/kWh vergütet werden.

Erzeuger von Solarstrom erhalten 45,7 Cent pro Kilowattstunde als Grundvergütung. Dies gilt auch für große Freiflächenanlagen, soweit sie sich im Bereich eines Bebauungsplans befinden. Für Solaranlagen auf Gebäuden erhöht sich die Vergütung: um 11,7 Cent pro Kilowattstunde bis 30 Kilowatt Leistung, für den darüber hinaus gehenden Anteil bis 100 kW um 8,9 Cent pro Kilowattstunde und für den 100 KW übersteigenden Anteil um 8,3 Cent pro Kilowattstunde. Zusätzlich gibt es einen Bonus von 5 Cent pro Kilowattstunde für fassadenintegrierte Anlagen.

Die seit dem 1. Januar 2004 gültige gesetzliche Regelung für die Vergütung von Strom aus Photovoltaikanlagen sorgt nach Auffassung der Solar-Verbände dafür, dass sich der Betrieb von Solarstromanlagen in Zukunft rechnet. Auf der Grundlage der neuen Regelung erwartet die Industrie auch künftig Wachstumsraten von jährlich 25 Prozent.

Da die Regierung einen schnellen Ausbau von Photovoltaik forcieren möchte, fällt diese Einspeisevergütung jährlich um 5 %.

Die Einspeisevergütung richtet sich nach:

a) Montageort der Photovoltaikanlage.

Es wird nach Freiflächen-, Fassaden- oder Aufdachinstallation unterschieden.

b) Anlagengröße bzw. Leistung.

c) Anschlusszeitpunkt und Anschlussjahr.

Sie wird 20 Jahre plus dem Montagejahr ausgezahlt. Das heißt:

- Wird eine Anlage zum 1.12. in Betrieb genommen, erfolgt die Vergütung 20 Jahre + 1 Monat
- Wird eine Anlage zu 1.2. in Betrieb genommen, erfolgt die Vergütung 20 Jahre + 11 Monate

Vergütungssätze pro Kilowattstunde in Cent
EEG Novelle (Erneuerbare-Energien-Gesetz)

Tab. 2–1 Vergütung nach EEG

Anlage	< 30 kWp	30 – 100 kWp	> 100 kWp
Dach	57,40 ct / kWh	51,87 kWh	51,30 kWh
Fassade	62,40 ct / kWh	59,60 ct / kWh	59,00 ct / kWh
Freilandanlage	45,7 ct / kWh		

Stand: 01. Januar 2004

Tab. 2–2 Degression nach EEG,
Degression: 5 % jährlich ab 2005, bei Freiflächenanlagen: 6,5 % ab 2006
Degression ab 2009 (Entwurf):
auf Grundvergütung und Boni ab 2009
7 %, ab 2011 8 %;
einmalige Absenkung der Grundvergütung um 1 ct / kWh
zum 1. Januar 2009

Jahr	**2005**	**2008**	**2009** (EEG-Novelle, Entwurf)
Aufdachanlagen	54,53 ct / kWh	46,75 ct / kWh	42,48 ct / kWh
> 30 kWp	51,87 ct / kWh	44,48 ct / kWh	40,36 ct / kWh
> 100 kWp	51,30 ct / kWh	43,99 ct / kWh	39,90 ct / kWh
> 1000 kWp			34,48 ct / kWh
Fassadenbonus	5,00 ct / kWh	5,00 ct / kWh	5,00 ct / kWh
Freilandanlagen	43,42 ct / kWh	35,49 ct / kWh	32,00 ct / kWh

Stand: 01. Januar 2008

Tab. 2–3 Vergütung für regenerative Energien

Energiequelle	Leistung	Vergütung
Windkraft - Land Degression: 2 %,2005	Basis	5,5 ct / kWh
	Erhöht	8,7 ct / kWh
Windkraft - Offshore Degression: 2 %,2008	Basis	6,19 ct / kWh
	Erhöht	9,1 ct / kWh
Geothermie Degression: 1 %, 2005	< 5 MW	15 ct / kWh
	< 10 MW	14 ct / kWh
	< 20 MW	8,95 ct / kWh
	> 20 MW	7,16 ct / kWh
Bioenergie Degression: 1,5 %, 2005	< 150 kWh	11,5 ct / kWh
	< 500 kWh	9,9 ct / kWh
	< 5 MW	8,9 ct / kWh

2.2.2 Kreditfinanzierung

Die bekanntesten Geldinstitute die Erneuerbare Energieanlagen finanzieren, sind wohl die KfW- und die UmweltBank. Spezielle Förderprogramme bieten große Vorteile und machen eine Finanzierung reizvoll.

Das Programm "Solarstrom erzeugen" der KfW-Bank bietet dem Kunden entscheidende Vorteile:

- Langfristige, zinsgünstige Finanzierung von Photovoltaik-Anlagen
- Sichere Kalkulationsgrundlage durch einen festen Zinssatz für 5 oder 10 Jahre

- Flexibilität durch die Möglichkeit, ausstehende Darlehens(teil-)beträge jederzeit und ohne zusätzliche Kosten vorzeitig zurückzahlen zu können
- Kombinationsmöglichkeit mit anderen öffentlichen Mitteln (nicht mit anderen KfW-Programmen)

Wer wird gefördert?

Träger von Investitionsmaßnahmen zur Errichtung, zur Erweiterung oder zum Erwerb von kleineren Photovoltaik-Anlagen bis zu einem Darlehensbedarf von 50.000 EUR, z. B.

- Privatpersonen
- Gemeinnützige Investoren
- private Unternehmen der gewerblichen Wirtschaft
- Freiberufler
- Landwirte

Voraussetzung: Die Anlagen erfüllen die Bedingungen des Erneuerbare-Energien-Gesetz ("EEG") vom 21.7.2004 (BGBl. I S. 1918).

Größere Investitionen in Photovoltaik-Anlagen können aus dem ERP-Umwelt- und Energiesparprogramm bzw. aus dem KfW-Umweltprogramm mitfinanziert werden.

Sanierungsfälle und Unternehmen in finanziellen Schwierigkeiten im Sinne der Europäischen Kommission sind ausgeschlossen.

Kommunen und kommunalen Unternehmen stehen zur Finanzierung von Photovoltaik-Anlagen das KfW-Infrastrukturprogramm zur Verfügung.

Wie wird gefördert?

Man kann langfristige, zinsgünstige Darlehen mit Festzinssätzen und tilgungsfreien Anlaufjahren erhalten, die bei einer durchleitenden Bank oder Sparkasse (in der Regel über die Hausbank) beantragt werden.

Was wird finanziert?

Finanziert werden die Investitionskosten (bei Vorsteuerabzugsberechtigung ohne Umsatzsteuer) für folgende Vorhaben in Deutschland:

- Errichtung, Erweiterung oder Erwerb einer Photovoltaik-Anlage
- Erwerb eines Anteils an einer Photovoltaik-Anlage im Rahmen einer GbR einschließlich der Kosten für:
  – Messeinrichtungen
  – Planung
  – Montage und die notwendigen Netzanschlüsse (sofern vom Investor zu tragen)

Nicht mitfinanziert werden Beteiligungen an juristischen Personen des privaten Rechts (z. B. Kapitalbeteiligung an einer „Solarfonds" GmbH & Co. KG).

Gebrauchte Anlagen werden nicht finanziert.

Die Programmkonditionen im Überblick

Finanzierungsumfang/Höchstbetrag

100 % der Kosten, max. 50.000 Euro je Vorhaben

Laufzeit

i. d. R. bis zu 20 Jahre mit max. 3 tilgungsfreien Anlaufjahren, bei einer Laufzeit bis zu 10 Jahren bei mind. 1, max. 2 tilgungsfreien Anlaufjahren

Verzinsung

Zinsfestschreibung wahlweise für 5 oder 10 Jahre, bei Zusage oder Antragseingang, je nachdem, zu welchem Zeitpunkt der Zinssatz für den Kreditnehmer günstiger ist; während der tilgungsfreien Anlaufjahre werden lediglich die Zinsen vierteljährlich auf den abgerufenen Kreditbetrag berechnet.

Auszahlung

96 %, grundsätzlich in einer Summe

Sicherheiten

Bankübliche Sicherheiten, Form und Umfang der Besicherung werden im Rahmen der Kreditverhandlungen zwischen Antragsteller und Hausbank vereinbart.

Kombination mit anderen Fördermitteln

Grundsätzlich mit anderen Fördermitteln (z. B. Kredite oder Zulagen/Zuschüsse) kombinierbar, soweit die Summe aus Krediten, Zuschüssen und sonstigen Zuwendungen die Summe der Aufwendungen nicht übersteigt. Zur Finanzierung einer Photovoltaik-Anlage kann kein weiteres KfW-Programm beantragt werden.

Verwendungsnachweis

Gegenüber der KfW nicht erforderlich. Die Rechnung muss der Bank vorgelegt werden.

Finanzierungsbeispiel:

Ein Kunde möchte auf seinem Einfamilienhaus eine Photovoltaik-Anlage installieren. Nach Beratung durch eine Fachfirma steht fest, dass die Anlage eine Leistung von 2,5 kWp haben soll. Die Kosten für eine solche Anlage und deren Installation liegen bei 15.000 Euro inklusive aller Nebenkosten.

Aus dem Programm „Solarstrom Erzeugen" können max. 50.000 Euro pro Anlage finanziert werden. Da die Investitionskosten darunter liegen, kann der Kunde die gesamte Summe bei der Förderbank über seine Hausbank beantragen.

Alle wichtigen Informationen zur Antragstellung

Wann ist der Antrag zu stellen?

Der Antrag ist mit dem bei den Kreditinstituten erhältlichen Formular (KfW 141660) vor Beginn des Vorhabens bei der Hausbank zu stellen. Als Programmnummer ist 140 anzugeben.

Ausgeschlossen sind Umschuldungen und Nachfinanzierungen bereits abgeschlossener Vorhaben.

Wo beantragt man einen KfW-Kredit?

Die Hausbank des Kunden ist dafür zuständig.

Der Weg zum KfW-Kredit führt im Standardfall über die Hausbank des Kunden. Dort beantragt er den Kredit für sein Eigenheim, seine Eigentumswohnung oder für eine Investition in seinem Unternehmen.

In den Programmen der Programmgruppe „Bauen, Wohnen, Energie sparen", im Infrastrukturprogramm und im Programm zur Förderung erneuerbarer Energien können kommunale Gebietskörperschaften und deren Eigengesellschaften einen Direktkredit bei der KfW beantragen.

Um zu überprüfen, welche Programme alternativ für Vorhaben des Bauherrn in Frage kommen, kann der Förderberater und Tilgungsrechner im Internet unter www.KfW.de verwendet werden. Dort kann jeder die monatliche Belastung selbstermitteln.

Adressen der KfW-Bank und UmweltBank sind im anhängenden Quellenverzeichnis aufgeführt.

Finanzierung von größeren Photovoltaik-Projekten (ab 50.000 Euro)

Größere Photovoltaik-Projekte ab 50.000.- Euro werden von der Abteilung Projektfinanzierung der UmweltBank finanziert, private kleinere Anlagen bearbeitet die Privatkreditabteilung.

Eine Finanzierung der PV-Anlage über die UmweltBank bietet den großen Vorteil, dass zur Besicherung die Eintragung einer Grundschuld in der Regel nicht erforderlich ist.

Finanzierung und Eigenkapitalbedarf

Die verschiedenen Vergütungssätze für Photovoltaik nach EEG bedingen auch unterschiedliche Finanzierungshöchstgrenzen. Der nachfolgenden Tabelle kann entnommen werden, welcher Betrag pro installiertes Kilowatt von der UmweltBank finanziert werden kann.

Tab. 2–4 Finanzierungsrichtwerte der UmweltBank

Art der Installation	Inbetriebnahme im Jahr	Maximaler Kreditbetrag pro kWp in Euro	
		PLZ-Gebiet (55, 6, 7, 8, 9, ohne 95, 98, 99)	Alle anderen PLZ-Gebiete
Aufdachprojekte	2008	3.300,-	3.000,-
Freiflächenprojekte	2008	2.800,-	2.500,-

Die Finanzierungsbedingungen können jedoch projektspezifisch abweichen, je nach Projektstandort und Bonität des Kunden.

Ein Beispiel: Es soll eine 50 kWp-Aufdach-Anlage in Berlin errichtet werden. Sie kostet 220.000 €. Der Kredit der UmweltBank (bei Inbetriebnahme 2005) kann maximal 50 x 3.000 € = 150.000 € betragen. Der Restbetrag von 70.000 € sollte aus Eigenkapital oder Zuschüssen finanziert werden.

Wenn für den geplanten Standort ein Ertragsgutachten eines vom Investor und Lieferanten unabhängigen Instituts vorgelegt wird, kann der Eigenkapitalbedarf individuell angepasst werden.

Der Eigenkapitaleinsatz muss jedoch in jedem Fall mindestens 15 % der Investitionssumme, bei haftungsbeschränkten Betreibergesellschaften mindestens 30 % der Investitionssumme betragen; ob darüber hinaus eine Haftungsübernahme, z. B. durch Gesellschafterbürgschaften, erforderlich ist, wird von der UmweltBank im Einzelfall geprüft.

Besicherung

Nachdem die Funktionalität von PV-Anlagen bekannt ist und die Bank von deren Leistungsfähigkeit überzeugt ist, akzeptiert sie die PV-Anlage selbst als Kreditsicherheit. Die Besicherung erfolgt über ein spezielles „Sicherungspaket Photovoltaik", das die nachfolgenden Komponenten umfasst:

Tab. 2–5 Erforderliche Sicherheiten der UmweltBank

Nr.	Bezeichnung	Erforderliche Handlung
1	Sicherungsübereignung der Photovoltaik-Anlage	Unterschrift unter einen von der UmweltBank formulierten Sicherungsvertrag. Die Punkte 1, 2 und 3 sind mit einer Unterschrift unter einen einzigen Vertrag zu erledigen.
2	Sicherungsabtretung der Einspeisevergütung, von Ansprüchen aus Kauf- und Werkverträgen sowie aus der Versicherung der Anlage	
3	Verpfändung von Guthaben, die auf UmweltBank geführten Konten entstehen.	
4	Eintragung einer erstrangigen „beschränkt persönlichen Dienstbarkeit“ Bei dachintegrierten Anlagen ist die Eintragung einer Grundschuld erforderlich. Bei von Kommunen gepachteten Dächern ist die Dienstbarkeit entbehrlich.	Notarielle Bewilligung des Dacheigentümers; die Formulierung wird von der UmweltBank zur Verfügung gestellt.
5	Eintrittsrecht der UmweltBank in den Pachtvertrag	Unterschrift von Dacheigentümer und Anlagenbetreiber auf einem von der UmweltBank formulierten Vertrag.

Insbesondere die Bestellung der Dienstbarkeit bedarf eines größeren zeitlichen Vorlaufs. Dies sollte bei der Planung berücksichtigt werden.

Eine zusätzliche Besicherung über eine Grundschuld auf einer Immobilie ist in der Regel nicht erforderlich, jedoch im Einzelfall die Übernahme von Bürgschaften z. B. durch Gesellschafter.

Kreditkonditionen und weitere wichtige Punkte

- Die Verzinsung richtet sich nach dem ERP-Programm der Kreditanstalt für Wiederaufbau zuzüglich 0,50 % bei 100 % Auszahlung und 10 jähriger Zinsbindung. Aktuell liegt dieser Satz bei 4,50 % p.a.
- Ein einmaliges Entgelt von 1 % (mindestens € 1.000) deckt den bei der UmweltBank entstehenden Bearbeitungsaufwand ab.
- Die Tilgung erfolgt über maximal 15 Jahre in monatlich gleich bleibenden Raten.
- Die PV-Anlage muss mindestens gegen Maschinenbruch (Blitz, Überspannung, Hagel, Feuer) sowie Diebstahl und Vandalismus versichert werden
- Bei Krediten bis T€ 250 kann die Führung eines laufenden Projektkontos bei der Hausbank erfolgen; monatlich wird eine bestimmte Rate zugunsten des „Rücklagenkontos" bei der UmweltBank eingezogen.
- Bei Krediten ab T€ 250 ist die Führung eines laufenden, elektronischen Kontos bei der UmweltBank obligatorisch.

Kreditantrag und erforderliche Unterlagen

Für die Beantragung eines Kreditantrags der UmweltBank sind folgende Formulare auszufüllen:

- Kreditantrag
- Vertrauliche Selbstauskunft
- Identitätsfeststellung

Zur Prüfung des Antrages ist darüber hinaus eine Reihe von Unterlagen erforderlich; eine genaue Aufstellung hierzu kann dem Kreditantragsformular entnommen werden.

2.3 Steuern/Abschreibung

Einnahmen durch den Ertrag bzw. Erhalt der Einspeisevergütung sind einkommensteuerpflichtig. Der Steuersatz hängt von dem zu versteuerten Einkommen ab.

Steuersatz

Der Steuersatz ist der Prozentsatz mit dem Gewinne / Verluste versteuert werden.

Bei Privatpersonen ist dies der Einkommenssteuersatz, bei Gewerbebetrieben ist es der Gewerbesteuersatz. Zur Ermittlung des jeweiligen Steuersatzes muss das gesamte Einkommen (bei Gewerbe: Gewinn) zuzüglich des Vorsteuergewinns der Anlage betrachtet werden. Den resultierenden Zahlenwert kann man den aktuellen Steuertabellen entnehmen.

Zu zahlende Steuern

Die zu zahlenden Steuern ermitteln sich aus dem Vorsteuergewinn multipliziert mit dem Steuersatz. Negative Beträge werden vom Finanzamt gutgeschrieben, positive Beträge sind an das Finanzamt zu entrichten.

Der Vorsteuergewinn ermittelt sich aus den Einnahmen (Einspeisevergütung) abzüglich der Kosten (laufende Kosten, Zinsen) und der Abschreibung.

Zu versteuernde Kosten

Die zu versteuernden Kosten berechnen sich aus der Summe der anfallenden Kosten, die steuerlich geltend gemacht werden können.

Diese sind im Einzelnen:

- Laufende Kosten der Anlage
- Zinsen der Kredite

Hierin sind die Abschreibungen, obwohl sie ebenfalls steuerlich geltend gemacht werden können, nicht enthalten, da sie keine Kosten in diesem Sinne darstellen. Die Kredittilgung ist ebenfalls nicht enthalten, da sie nicht steuerlich geltend gemacht werden kann.

Dieser Posten ist also nur ein Teil der vom Finanzamt anerkannten Beträge.

Degressive Abschreibung

Bei der degressiven Abschreibung ist der jährliche Abschreibungsbetrag nicht konstant. Er ist im ersten Jahr am größten und fällt dann jährlich ab bis die Betragshöhe den Wert der linearen Abschreibung unterschreiten würde. Ab diesem Zeitpunkt wird der Restbetrag auf die verbleibenden Jahre gleichmäßig aufgeteilt.

Dieser Prozentsatz vom Anlagenpreis kann im ersten Jahr abgeschrieben werden. In den folgenden Jahren verringert sich dieser Abschreibungsbetrag.

Seit dem Jahr 2004 gilt allerdings:

Das Anfangsjahr wird nur monatlich anteilig abgeschrieben, d.h. bei Installation z. B. im Oktober eines Jahres kann für dieses Jahr nur 25 % des linearen Abschreibungsbetrages geltend gemacht werden.

Die übrigen 75 % für dieses Jahr werden am Ende der Abschreibefrist geltend gemacht.

Lineare Abschreibung

Eine PV-Anlage kann linear abgeschrieben werden.

Dabei wird über den angegebenen Abschreibungszeitraum ein gleichbleibender jährlicher Betrag abgeschrieben. Der jährlich abzuschreibende Betrag ergibt sich aus dem Anlagenpreis dividiert durch die Abschreibungsdauer.

Ist eine Gewerbeanmeldung unbedingt erforderlich?

Die Gewerbeanmeldung ist nur bei größeren PV-Anlagen notwendig. Die zu erwartenden Gewinne liegen in der Regel unter 24.500 Euro und damit im Rahmen eines nicht anzeigenpflichtigen Bagatellgewerbes. Gewinne und Verluste sind bei der Steuererklärung – Anlage GSE und ggf. Umsatzsteuererklärung – anzugeben.

Wie wird die Photovoltaik in der Einkommensteuer berücksichtigt?

Sofern vom Finanzamt ein Totalüberschuss nachgewiesen werden kann, können für die Investoren auch Abschreibungskosten (AfA) geltend gemacht werden. Je nachdem, ob aus steuerlicher Sicht für das laufende Jahr ein Verlust oder ein Gewinn vorteilhafter ist, eignet sich die lineare oder degressive Abschreibung.

Es ist in der Regel von Vorteil sich von der *Umsatzsteuerpflicht* befreien zu lassen. Jeder Anlagenbetreiber, der einen bestimmten Umsatz nicht überschreitet, hat gegenüber dem Finanzamt das Wahlrecht, sich von der Umsatzsteuer befreien zu lassen (Kleinbetreiberregelung § 19 UStG). Für Anlagen unter 7 kWp überwiegen in der Regel die finanziellen Vorteile. Der Aufwand für Umsatzsteuervoranmeldung und Steuererklärung hält sich in Grenzen.

2.4 Energie-Einspeise-Gesetz (EEG) 2005

Werden mehrere Photovoltaikanlagen, die sich entweder an oder auf demselben Gebäude befinden, innerhalb von sechs aufeinander folgenden Kalendermonaten in Betrieb genommen, so gilt die Vergütungshöhe für die gesamte Anlage in der Höhe der zuletzt in Betrieb genommenen Anlage. Mit dieser Regelung soll verhindert werden, dass auf einem Gebäude drei 30 kWp-Anlagen errichtet werden, die alle die Einspeisevergütung für Anlagen bis 30 kWp erhalten.

Ausnahmen dürften bei verschiedenen Eigentümern von Anlagen sein, die sich auf einem Gebäude (z. B. großem Wohnblock) befinden. Das ist allerdings nicht explizit im Gesetz festgeschrieben.

Die Umsatzsteuer ist in den Mindestvergütungen nicht enthalten.

1. Welche Voraussetzungen müssen erfüllt werden?

Die Anlagen müssen netzgekoppelt betrieben werden. Die Aufnahme- und Zahlungsverpflichtung trifft den Netzbetreiber. Er muss den gesamten angebotenen Solarstrom vorrangig abnehmen und vergüten.

Wenn die Anlage nicht an oder auf einer baulichen Anlage (Freilandanlage) angebracht ist, die vorrangig zu anderen Zwecken als der Erzeugung von Strom aus solarer Strahlungsenergie errichtet worden ist, ist der Netzbetreiber nur zur Vergütung verpflichtet, wenn die Anlage vor dem 1. Januar 2015

1. im Geltungsbereich eines Bebauungsplans im Sinne des § 30 des Baugesetzbuches oder
2. auf einer Fläche, für die ein Verfahren nach § 38 Satz 1 des Baugesetzbuches durchgeführt worden ist, in Betrieb genommen worden ist.

Für Strom aus der oben genannten Anlage, die im Geltungsbereich eines Bebauungsplans errichtet wurde, der zumindest auch zu diesem Zweck nach dem 1. September 2003 aufgestellt oder geändert worden ist, ist der Netzbetreiber nur zur Vergütung verpflichtet, wenn sie sich

1. auf Flächen befindet, die zum Zeitpunkt des Beschlusses über die Aufstellung oder Änderung des Bebauungsplans bereits versiegelt waren,
2. auf Konversionsflächen aus wirtschaftlicher oder militärischer Nutzung oder
3. auf Grünflächen befindet, die zur Errichtung dieser Anlage im Bebauungsplan ausgewiesen sind und zum Zeitpunkt des Beschlusses über die Aufstellung oder Änderung des Bebauungsplans als Ackerland genutzt wurden.

Eine bauliche Anlage ist jede mit dem Erdboden verbundene aus Bauteilen und Baustoffen hergestellte Anlage wie Lager- und Abstellplätze, Aufschüttungen, Straßen, Spielplätze und Deponieflächen. Das Gebäude ist eine selbstständig benutzbare, überdeckte bauliche Anlage, welche geeignet und bestimmt ist, dem Schutz von Menschen, Tieren und Sachen zu dienen. Dabei kommt es nicht auf eine Umschließung mit Wänden an.

2. Wohin mit dem erzeugten Strom?

Die Netzbetreiber sind laut Erneuerbare-Energien-Gesetz dazu verpflichtet, den gesamten Strom der Anlage vorrangig abzunehmen und zu vergüten. Der Anschluss der Photovoltaikanlage an das öffentliche Stromnetz wird dem Netzbetreiber lediglich angezeigt. Ein schriftlicher Vertrag ist nicht erforderlich, in vielen Fällen wird sogar davon abgeraten.

3. Wann wird mir das Geld ausgezahlt?

Das Gesetz schreibt die Häufigkeit der Zahlungen für den erzeugten und in das öffentliche Stromnetz eingespeisten Solarstrom nicht vor. Von einer jährlichen Zahlung, wie sie einige Netzbetreiber anbieten, ist abzuraten, da dadurch Zinsverluste entstehen. Die Vergütung sollte monatlich – zumindest quartalsweise – gezahlt werden, bzw. sollten Abschläge analog der Abschlagszahlungen bei Strombezug vereinbart werden. Diese können dann evt. nach dem ersten Betriebsjahr der Anlage den Einspeisewerten angepasst werden.

3 Investition

Photovoltaik-Anlagen zählen zu den kostenintensiven Bauteilen bei der Erstellung eines Bauvorhabens. Deshalb ist eine solide Finanzplanung unumgänglich. Durch einen gut ausgerichteten und einem geografisch günstig gelegenen Standort erzeugt eine richtig dimensionierte Photovoltaikanlage so viel Strom, dass nach Klärung der Vorfinanzierung keine weiteren Eigenfinanzmittel mehr benötigt werden. Die Anlage finanziert sich selbst, wenn der Eigentümer über die nötige Liquidität verfügt.

3.1 Anschaffung

Der Preis einer Anlage ist abhängig von der Qualität der Module, Wechselrichter, Gestelle, Kabel usw. und vom Größenumfang, Montageort und Installationsaufwand. Bei gewöhnlichen Aufdach-Anlagen (Satteldach, Betondachstein) mit geringem Installationsaufwand, z. B. bei einem Neubau, kann man folgende Errichtungskosten (siehe Tabelle) zugrunde legen. In dieser Kostenschätzung sind Arbeiten wie Zählerschrank setzen, Gerüstbau, Durchbrucharbeiten und dergleichen natürlich nicht enthalten.

Fassaden- und Freiflächenanlagen unterliegen einer anderen Kostenkalkulation. Hierbei ist der projektspezifische Aufwand zu berücksichtigen.

Bei Sanierungs- oder Umbaumaßnahmen ist es möglich, vorhandene Tragwerke und Dachaufbauten zu nutzen. Durch den Einsatz gebäudeintegrierter Lösungen können Dachdeckungen oder dergleichen eingespart werden.

Tab. 3–1 Kostenschätzung

Anlagengröße	Kostenschätzung (netto)
< 10 kWp	5.000,- € / kWp
10 – 30 kwp	4.300,- € / kWp
> 30 kWp	4.000,- € / kWp

3.2 Nutzung von Synergien

Solare Systeme eignen sich hervorragend zur späteren Nachrüstung bzw. zum Einbau in bestehende Bauteile.

So kann z. B. bei einer Dachsanierung ein „Indach-System" verwendet werden. In diesem Fall übernimmt der Generator die Funktion der Dachhaut. Eben eingebaut ergibt sich auch optisch ein reizvolles Bild, da keinerlei Aufbauten auf dem Dach zu erkennen sind.

Die Einsparung der Dachdeckung rechtfertigt den in der Regel höheren Montageaufwand. Es ist jedoch darauf zu achten, dass Module, die in eine Dachkonstruktion integriert werden, oftmals einen schlechteren Wirkungsgrad haben. Dieses sollte vorher berechnet werden.

3.3 Betriebskosten

Auch wenn Photovoltaikanlagen in erster Linie Strom erzeugen, der in das öffentliche Netz eingespeist werden kann, verursachen die Anlagen auch Betriebskosten.

Zu den Betriebskosten zählt man:

- Versicherungen

  Eine Haftpflichtversicherung sollte jeder Anlagenbetreiber abschließen. Zu groß sind die Risiken vor Folgeschäden an Fremdpersonen z. B. wenn sich ein Modul bei Sturm von der Dachkonstruktion löst.

  Eine Vollkaskoversicherung ist empfehlenswert. Hierbei sind Diebstahl, Ertragsausfall, Beschädigung und dergleichen mitversichert. Somit ist die Finanzierung bei 100 % Fremdkapital gesichert und der Anlagenbetreiber braucht sich darüber keine Gedanken zu machen.

  Eine Liste, in der die führenden Versicherungsgesellschaften für Photovoltaik-Anlagen aufgeführt sind, ist im Anhang zu finden.

- Reinigung

  Bei einer flachen Modulanordnung von unter 10° entfällt der Selbstreinigungseffekt. Aber auch bei Fassadenintegration oder in Ballungsgebieten mit starker Staubbildung sollten die Reinigungskosten unbedingt in der Wirtschaftlichkeitsberechnung Beachtung finden.

- Reparatur

  Normalerweise sind Photovoltaik-Anlagen wartungsarm. Lediglich die Wechselrichter beinhalten ein Verschleißteil – die Kondensatoren. Je nach Auslastung und Dimensionierung ist deren Lebenserwartung unterschiedlich. Möglicherweise halten sie 20 Jahre. Man sollte jedoch einen einmaligen Austausch innerhalb dieser Periode als Kalkulationsgrundlage miteinplanen.

  Eine Garantieverlängerung auf 20 Jahre ist in der Regel nicht wirtschaftlich; eine Garantieverlängerung auf 10 Jahre ist sinnvoll.

- Eigenstromverbrauch durch Wechselrichter, Trafostationen o. Ä.

  Sollten Großanlagen realisiert werden, ist der Eigenstromverbrauch der Trafostation zu berücksichtigen. Bei 500 kWp Anlagengröße kann bei einem Trafo der permanente Eigenstromverbrauch schnell bei 600 – 800 Watt liegen. 24 Stunden am Tag, 365 Tage im Jahr, 20 Jahre lang. Es sollte die Überlegung einer Dämmerungsabschaltung der Trafostation überdacht werden.

  Bei „haushaltsüblichen" Wechselrichterkonzepten ist dieses Parameter nicht so ausschlaggebend.

Im Allgemeinen sollte man 1 % der Investitionskosten als Betriebskosten kalkulieren. Rücklagenbildung für eventuelle Reparaturen sind dabei inbegriffen.

3.3.1 Wartung

- *Reinigung*

  Eine Reinigung der Generatoren ist im Allgemeinen nicht erforderlich.

  Eine Selbstreinigung tritt mit einer Modulneigung von > 10° ein. Sollten die Module in einem flacheren Winkel z. B. als Vordach installiert werden, ist eine Neigung von > 3° zu verwenden, um Schwellwasserbildung zu vermeiden. Staub und Pollen werden dann vom Regen abgewaschen (Selbstreinigung). Bei starker Verschmutzung wird eine Reinigung mit viel Wasser (Wasserschlauch) ohne Reinigungsmittel und mit einem schonenden Reinigungsgerät (Schwamm) empfohlen. Auf keinen Fall darf der Schmutz trocken abgekratzt oder abgerieben werden, da hierdurch Mikrokratzer entstehen.

- *Befestigungselemente*

  Befestigungselemente und Gestelle für Module/Laminate sollten etwa im 2-Jahres-Intervall per Sichtprüfung auf Funktion und Korrosion kontrolliert werden.

- *Kabel*

  Die Kabel sollten im gleichen Rhythmus wie das Gestell auf Beschädigungen und auf ordnungsgemäße Verbindungen geprüft werden.

- Wechselrichter

  Es wird empfohlen, Wechselrichter regelmäßig, etwa monatlich, zu kontrollieren. Dazu genügt ein kurzer Blick auf die Kontrolleinheit. Durch Protokollierung der Ertragsdaten können Fehlfunktionen der Anlage erkannt werden.

  Aufschluss über den Gesamtzustand der Photovoltaikanlage geben Wechselrichter, die Betriebsdaten erfassen und speichern. Die Daten können zur Überprüfung ausgelesen und auf Fehler hin analysiert werden.

Es besteht die Möglichkeit, Wartungsverträge mit Elektro- bzw. Solarinstallateuren abzuschließen. Hat der Betreiber einer kleineren Anlage nach einer gewissen Betriebsdauer ein „Gefühl" für die Soll-Ist-Leistung seines Kraftwerks entwickelt, kann darauf verzichtet werden.

3.3.2 Versicherung

Eine gute Versicherung ist für Betreiber von Solarstromanlagen ebenso wichtig wie hochwertige Module und zuverlässige Wechselrichter. Um aber zu entscheiden, was für den jeweiligen Bedarf nötig ist und was nicht, muss man wissen, welche Risiken überhaupt abzusichern sind.

Empfehlenswert sind auf jeden Fall eine Betreiberhaftplicht- und eine Allgefahrenversicherung.

Wer im Schadensfall keine bösen Überraschungen erleben will, sollte sich die verschiedenen Angebote genau anschauen. Der Vergleich von Versicherungen ist lohnenswert, denn es gibt Leistungsunterschiede und die Differenzen der Versicherungsprämien liegen bei über 60 %.

Für eine 30 kWp große PV-Anlage liegen die Jahresprämien mit einer Selbstbeteiligung von 150,- € zwischen ca. 250,- € bis 450,- €. Ein Selbstbehalt reduziert die Prämie.

Nachfolgend sind einige Versicherungsunternehmen sowie auf Solarenergie spezialisierte Versicherungsmakler alphabetisch aufgeführt. Die Liste gibt keine Auskunft über die Qualität des Versicherers, sondern stellt vielmehr eine Marktübersicht dar.

Basler Securitas Versicherungs-AG	Postfach 1145 61281 Bad Homburg Tel. 0800-3530353 (kostenl. Hotline) www.basler-securitas.de
Boeckle Versicherungsvermittlung	Im Reutbusch 21 75217 Birkenfeld Tel. 07082-943140 www.Juergen-Boeckle.de
Hanauer Versicherungsservice AG	Akademiestr. 38 63450 Hanau Tel. 06181-92302-0 www.diehanauer.de
Gothaer Allgemeine Versicherung AG	Gothaer Allee 1 50969 Köln Tel. 0221-308-00 www.gothaer.de
EVK Enser Versicherungskontor	An der Tigge 4 59469 Ense-Oberense Tel. 02938-9780-0 www.evk-oberense.de

IDV Maklerbüro Rainer Lenz	Alte Dorfstr. 37e 09669 Frankenberg Tel. 037206-22-04 www.fotovoltaikversicherung.de
IVP GmbH	Alexanderstr. 227 26127 Oldenburg Tel. 0441-681-020 www.ivp-versicherungsmakler.de
Mannheimer Versicherung AG	Augusta-Anlagen 66 67227 Frankenthal Tel. 0621-457-0 www.mannheimer.de
MK Versicherungsmakler e.K.	Am Stillbach 14 84186 Vilsheim Tel. 08706-941415 www.solaranlagenversicherung.de
Thomas Andresen Versicherungs- und Finanzmakler	Süderstr. 56 25836 Garding Tel. 04862-1028-44 www.Wind-VersFina.de
Versicherungsbüro Stefer	Michael Stefer Düppelstr. 3-7 50679 Köln Tel. 0221-883299 www.solarversicherung.com
VfU Versicherungsmakler für Umweltprojekte GmbH	Postfach 1203 25443 Quickborn Tel. 04106-6361-0 www.vfu-gmbh.de
VHV Vereinigte Hannoversche Versicherungs A. G.	Constantinstr. 40 30177 Hannover Tel. 0511-907-0 www.vhv.de

4 Bauliche Anforderungen

4.1 Entwürfe zur Nutzung der Globalstrahlung

Tab. 4–1 Montagepositionen

Flachdach **Auf-Dach**	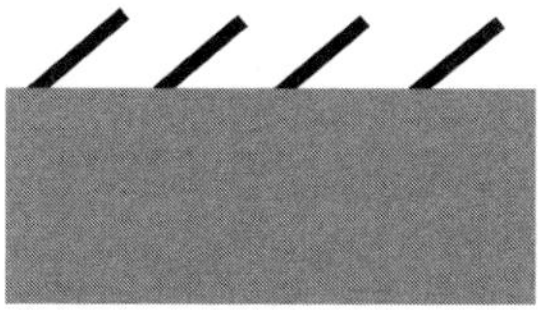	+ Idealer Einbauort + Optimale Ausrichtung + Neu- und Altbau
Flachdach **In-Dach**		- keine Selbstreinigung - ungünstiger Einstrahlungs-winkel + Auflösung in Sheds emp-fehlenswert
Schrägdach **Auf-Dach**		+ Nachrüstung im Bestand + Zusätzliche Dämmschicht + keine Dichtigkeitsprobleme
Schrägdach **In-Dach**	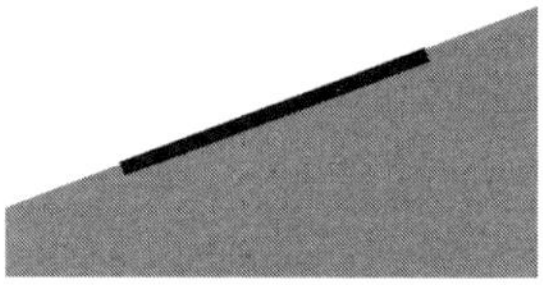	+ Für Neubau geeignet + homogenes Erscheinungs-bild - geringerer Wirkungsgrad
Fassade		+ Einbau als Vorsatzschale + Einbau als Sonnenschutz - ungünstiger Einstrahlungs-winkel

Studie über solaroptimierte Fassadenstrukturen

Kriterien für die Auswahl der PV-Anlage

Als Installationsort kommen sowohl Dächer als auch Fassaden in Betracht. Man unterscheidet zwischen PV-Anlagen, die auf bzw. vor das Gebäude installiert werden, und solchen die in die Gebäudehülle integriert werden.

Gebäudeintegration bedeutet, dass die PV-Anlage mindestens in einem Punkt die Funktion eines Bauteils erfüllt, z. B. als Regenschutz (wasserführende Schicht).

Kombination mit anderen Dachelementen

Bei der *Auf-Dach-Montage* ist ausschließlich die Verschattungsproblematik ausschlaggebend.

Bei der *In-Dach-Montage* sind einige zusätzliche Aspekte zu berücksichtigen:

Dachdurchdringungen (Kamine, Entlüfter, etc.) sind zu vermeiden. Laminate können weder gebohrt noch geteilt werden.

Dachflächenfenster können integriert werden, wenn Rastermaß und Eindeckrahmen mit dem In-Dach-System abgestimmt sind. Es ist darauf zu achten, dass die zur ausreichenden Kühlung des Solargenerators erforderliche Lüftung gewährleistet ist. Es können problemlos Generatortemperaturen von 80 °C - 90 °C erreicht werden.

Solarkollektoren ergeben eine sinnvolle Kombination mit einer PV-Anlage, wenn Rastermaß und Eindeckrahmen mit dem In-Dach-System abgestimmt sind. Auch hier ist darauf zu achten, dass trotz der größeren Einbautiefe die zur ausreichenden Kühlung des Solargenerators erforderliche Lüftung gewährleistet ist.

Kombination mit anderen Fassadenelementen

Bei der Verwendung der PV-Elemente als Vorsatzschale vor einer öffnungslosen Wand oder als Warmfassade muss lediglich die Verschattungsfrage (Vorsprünge, Dachüberstand, Vegetation...) geklärt werden.

Bei der Integration der PV-Anlage als Vorsatzschale in eine Fassade mit Fenster, Türen, großflächigen Verglasungen, etc. muss frühzeitig die Frage der ausreichenden, durchgehenden Belüftung einbezogen werden.

Nachfolgend werden einige Studien über mögliche Fassadenentwürfe dargestellt. Ziel ist dabei, eine optimale Form zur Ausnutzung der Solarstrahlung zu finden.

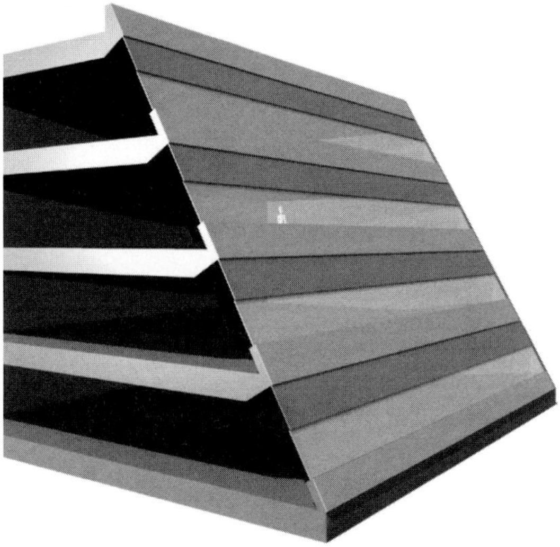

Abb. 4–1 Schräg gestellte Fassade

Schräg gestellte Fassade

Die Schrägstellung ist wohl die einfachste Art PV-Module verschattungsfrei in eine Fassade zu integrieren.

Hierbei werden im Brüstungsbereich opake Module (hellblau), im oberen Raumbereich semitransparente Module (dunkelblau) eingesetzt – um mehr Lichteinfall, aber mit Schattenwirkung – zu erreichen. Anschließend erfolgt die normale Isolierverglasung.

Vorteil:

- Durch die schräg gestellte Fassade und der Verwendung von lichtdurchlässigen Modulen im oberen Raumbereich wird ein sehr tiefer Lichteintritt in den Raum ermöglicht. Dieser erhält eine sehr gute, natürliche Ausleuchtung. Größere Raumtiefen sind somit möglich.

Nachteil:

- Die erforderliche Verschattung der direkten Sonnenstrahlung für den dahinter liegenden Raum ist nicht geklärt.
- Ein zusätzlicher Sonnen- und Blendschutz, insbesondere bei hohem Sonnenstand ist erforderlich.
- Die potentiell mögliche Geschossfläche verringert sich.

Abb. 4–2 Verzahnte Fassade

Verzahnte Fassade

Vorteil:

- Durch die geneigte Modulfläche wird ein hoher Strahlungsgewinn erreicht.
- Es entsteht keine Blendwirkung durch direkte Sonnenstrahlung.
- Ebenso entsteht an den Fensterpositionen keine direkte Strahlungswärme und die Aufwärmung der Räume wird minimiert.

Nachteil:

- Durch die nach unten gerichtete Glasfront ist die Lärmbelastung durch evtl. Straßenverkehr bei geöffneten Fenstern größer.
- Die Abgase des Straßenverkehrs steigen nach oben.
- Eine Reinigung durch verschiedene Fassadentiefen ist problematisch.

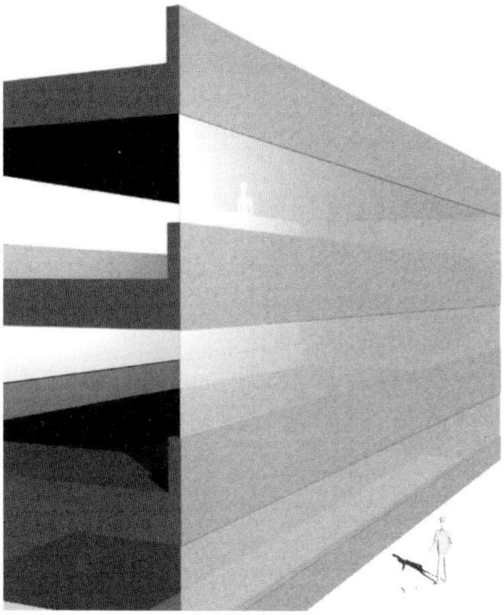

Abb. 4–3 Structural-Glazing-Fassade

Structural-Glazing-Fassade

Vorteil:

- Maximale PV-Flächenbelegung durch Wegfall von Deckprofilen
- Sehr leichte Reinigung durch flächenbündige Konstruktion

Nachteil:

- Ungeschützte Glasflächen, d.h. große Aufheizung durch starke Absorption des Sonnenlichtes, thermische Spannungen, die, gemäß erster Anwendungserfahrungen, nicht von der Verklebung aufgenommen werden, Folge: Glasbruch.
- Offener, ungeschützter Randverbund der PV-Module.
- Tönung der inneren Glasscheibe zwecks Sonnen- und Blendschutz erforderlich.

Abb. 4–4 Wabenfassade

Wabenfassade

Vorteil:

- Photovoltaik als Teil der Gebäudehülle
- Keine Blendwirkung im Innenraum
- Hoher PV Ertrag.

Nachteil:

- Sehr aufwendige und damit kostenintensive Fassadenrkonstruktion nötig.
- Problematische Reinigung durch verschiedene Fassadentiefen
- Lärm und Abgasbelästigung im Innenraum
- Erwärmung des Innenraums bei geöffneten Fenstern durch aufsteigende Wärme

Abb. 4–5 Versetzte Fassade

Versetzte Fassade

Vorteil:

- Bessere Ausnutzung des 1. Riegels an den Seitenflanken und auf dem Dach
- Geringer Kostenmehraufwand

Nachteil:

- Gebäudeschatten entsteht auf den nachfolgenden Riegeln und Dachflächen.
- Problematische Raumgeometrie im Seitenbereich

Abb. 4–6 Vertikalfassade

Vertikalfassade mit geneigter Brüstung

Vorteil:

- Optimale Ausrichtung
- Hinterlüftung möglich
- Vergrößerung der möglichen Nutzfläche für PV

Nachteil:

- Gefahr von Eigenverschattung bei hochstehender Sonne
- Reduzierter Tageslichteinfall
- kostenintensive Fassadenkonstruktion

4.1.1 Integrierte Photovoltaik für Membran-Architektur

4.1.1.1 Zusammenfassung

Nicht nur Glas sondern auch eine Reihe anderer lichtdurchlässiger Materialien üben eine besondere Anziehungskraft auf Architekten aus: Kunststoffe, perforiertes Blech und Metallgewebe aber vielleicht am meisten transluzente und transparente Membranmaterialien, die auch selbst Lasten abtragen können. Frühere Anwendungen von Textilien im Baubereich dienten dem Zweck des Witterungsschutzes, also dazu, Sonne, Wind, Regen und Schnee abzuhalten und boten den Vorteil enormer Spannweiten und einer großen Vielzahl unterschiedlicher Formen. Die Entwicklung von Hochleistungsmembranen und Folienwerkstoffen auf der Basis von Fluorpolymeren, z.B. transparente Folie aus einem Copolymer aus Ethylen und Tetrafluorethylen (ETFE) oder Glasfasergewebe, die mit Poly-Tetra-Fluor-Ethylen (PTFE) beschichtet sind, bilden Meilensteine auf der Suche nach geeigneten Materialien für Gebäudehüllen.

Die Vielfältigkeit in Art und Größe der von Hightex und anderen Firmen realisierten Bauwerke und Objekte zeigt das enorme Potenzial dieser hochtechnischen Gebäudematerialien auf, die in ihrer ursprünglichsten Erscheinungsform zu den ältesten der Menschheit gehören – ihre Vorgänger, die Tierhäute, wurde verwendet, um die ersten Gebäudehüllen zu konstruieren, nämlich Zelte.

Die SolarNext AG hat im Jahre 2007 eine Photovoltaik-Technologie entwickelt, die es ermöglicht, Solarzellen direkt in Membranmaterial zu integrieren. Wir nennen diese speziell für diese Anwendung optimierten Zellen 'PV Flexibles'. Die entwickelte Technologie basiert auf hochflexiblen Dünnschichtsolarzellen auf der Basis von amorphem Silizium (a-Si), eingebettet in ETFE-Folien. Diese komplexen Laminate können zu größeren Flächen zusammengesetzt werden und als einlagige Dächer oder Fassaden zum Einsatz kommen. Aber sie können auch verwendet werden, um zum Beispiel die obere Lage eines pneumatisch gestützten Folienkissens zu ersetzen.

Im Vergleich zu den freitragenden, einlagigen Anwendungen sind diese aufblasbaren Strukturen als Beitrag zur *Architektur* (und nicht nur als ein 'Stück Tragwerk') noch relativ wenig verbreitet – sie haben erst in den frühen 1960er Jahren Einzug in diese Welt gehalten [1].

4.1.1.2 PV Flexibles für Membrankonstruktionen

Aus verschiedenen Gründen weist die Integration von Photovoltaik in Gebäude (engl. 'Building Integrated Photovoltaic – BIPV') ein großes Zukunftspotenzial auf. Unter anderem finden sich hierzu in der Literatur folgende stützenden Argumente:

Die Photovoltaik benötigt keine zusätzliche Unterkonstruktion, da sie ein integrierter Bestandteil des Gebäudes beziehungsweise dessen Hülle ist. Im Hinblick auf ästhetische Kriterien bietet eine integrierte Lösung grundsätzlich ein weitaus größeres Potenzial gegenüber einer additiven Lösung.

Die Photovoltaik liefert in einer solchen Anwendung nicht nur Elektrizität, vielmehr kann durch eine entsprechende Integration in transparente oder transluzente Bauteile auch eine in vielen Fällen notwendige Verschattung erreicht werden, die die solare Erwärmung des Gebäudeinneren im Sommer reduziert und dadurch hilft, die Kühllasten und den damit verbunden oftmals sehr hohen Energieverbrauch zu minimieren. Dieser Synergie-Effekt ist besonders wichtig, da er prinzipiell dazu beiträgt, die so genannten System-Balance-Kosten (Balance of System – BOS) der Photovoltaik Anwendung zu reduzieren. In einem Bericht veröffentlicht die International Energy Agency (IEA) eine Abschätzung des Anwendungspotenzials von gebäudeintegrierter Photovoltaik in einer Höhe von 23 Milliarden Quadratmetern. Dies entspräche ungefähr 1000 GWp (Giga-Watt-Peakleistung) bei einer niedrigen durchschnittlichen Effektivität von nur 5 % [2].

Bisher gab es jedoch keine Lösung für die Integration von Photovoltaik in freitragende Folien- und Membrankonstruktionen, obwohl diese Strukturen für den großflächigen Einsatz von Photovoltaik prädestiniert sind (Einkaufszentren, Stadiondächer, Flughäfen usw.). Es gibt Studien und Experimente mit Photovoltaik in transparenten PVC-Membranen, aber diese Gruppe von Materialien erwies sich als nicht geeignet, da sie für einen Langzeiteinsatz nicht ausreichend beständig sind. Aus wirtschaftlicher Sicht wird in der Regel eine Rentabilität einer Investition in Photovoltaik innerhalb einer angemessenen Zeitspanne erwartet. Dies bedingt eine ausreichende Lebensdauer des Basismaterials zur Einbettung der Photovoltaik. Wir glauben daher, dass es von großer Bedeutung ist, Photovoltaik nicht auf PVC-Materialien zu applizieren, sondern dafür langlebige Baustoffe wie z.B. ETFE oder PTFE aus der Gruppe der Fluorpolymere einzusetzen, zu der auch der bekannte DuPont-Kunststoff Teflon gehört. Diese stellen in der Praxis eine erprobte Lösung dar, sie sind äußerst dauerhaft und UV-beständig und besitzen darüber hinaus ein sehr günstiges Anschmutzverhalten, man spricht von »selbstreinigenden« Oberflächen.

Während PTFE-beschichtete Membranmaterialien schon seit längerer Zeit im Bauwesen Verwendung finden, kann in den letzten Jahren eine beachtliche Steigerung der installierten Flächen unter Verwendung von ETFE-Folien verzeichnet werden. Die meisten Anwendungen betreffen Dächer, in letzter Zeit kommen aber auch Fassaden in dieser Bauweise zur Ausführung. Bis jetzt konnte keine dieser beiden Konstruktionen mit integrierter Photovoltaik ausgerüstet werden. Die Entwicklungen, die hier beschrieben werden, ermöglichen es, sich auch den Marktanteilen im Baubereich zu zuwenden, die nicht für starre und schwere konventionelle Solarmodule geeignet sind.

4.1.1.3 PV Flexibles -Technologie und Prinzipien der Anwendung

Die eingesetzte Photovoltaik-Technologie wurde an der Universität von Neuenburg (Université de Neuchâtel) in der Schweiz [3] entwickelt und wird inzwischen von der ausgegründeten Firma VHF Technologies SA weiter entwickelt und hergestellt [4,5]. Dabei ist die Basis ein spezieller Prozess zur Herstellung von Dünnschicht-Photovoltaik-Zellen aus amorphen Silizium auf dünner Polymerfolie.

Die Photovoltaik-Zellen werden in einem kontinuierlichen Produktionsprozess (Rolle-zu-Rolle-Verfahren) in mehreren Beschichtungsschritten auf das Polymer-Trägermaterial aufgebracht und haben am Ende eine Gesamtaufbaustärke von nur circa 1 µm. Die Verwendung von kostengünstigen Polymeren als Substrat bedingt im Gegensatz zu den alternativen Trägermaterialien Glas oder Metallfolie eine sehr hohe Abscheidegeschwindigkeit und damit moderate Substrattemperaturen, da es sonst unweigerlich zu einer thermisch induzierten und hinderlichen Verformung des Trägermaterials kommen würde. Das Kunststoff-Substratmaterial, dessen Flexibilität das Rolle-zu-Rolle-Verfahren erst ermöglicht, und die hohe Prozessgeschwindigkeit des speziellen Hoch-Frequenz-Plasmaverfahrens (VHF-PECVD), das für den Aufbau der eigentlichen Solarzelle zwischen den Elektroden genutzt wird, stellen in der mittelfristigen Perspektive einen wesentlichen Schritt zur Kostenreduktion dieser Technologie dar.

Als Variante der Dünnschicht-Technologie für amorphes Silizium benötigt dieses Verfahren wesentlich weniger Silizium und Energie im Vergleich zur Herstellung von Solarzellen auf Basis von mono- oder polykristallinem Silizium. Diese Technologie hat zudem das Potenzial zu geringeren Systemkosten gegenüber Dünnschicht-Silizium auf Glas. Auch die Energy Pay-Back Time ist relativ kurz - etwa 1,2 Jahre für konventionelle a-Si-Module im Vergleich zu 2 Jahren für Mono-Si-Module [6]. Und das Kosten-Einsparungspotenzial dieser Technologie ist – gemäß einer Studie der Firma Q-Cells – allen anderen überlegen: Für 2010 können die Gesamtsystemkosten bis zu 70 % niedriger sein als die gegenwärtigen Kosten der meisten Si-Systeme (multi-Si, mono-Si, string ribbon Si; Werte für 2006) [7].

Das sich so ergebende Photovoltaik-Zellen-Rollenmaterial ist sehr dünn (ca. 51 µm) und von sehr geringem Gewicht. Daher ist es besonders prädestiniert für mobile Anwendungen. Die gleichzeitig vorhandene hohe Flexibilität eröffnet jedoch die besondere Option für den Einsatz in Membran-Konstruktionen (s. Abb. 4-7).

Abb. 4–7 Ein a-Si-Dünnschicht-Photovoltaik Muster, hoch flexibel (hier noch nicht laminiert)

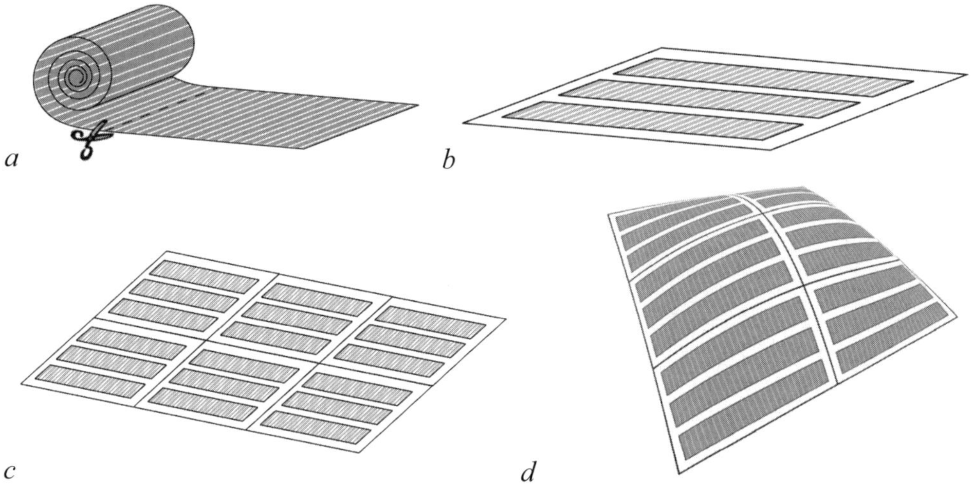

Abb. 4–8 Die einzelnen Prozess-Schritte für PV Flexibles auf ETFE-Folien
a. Die Photovoltaik-Zellen (Rollenware)
b. Das Laminat aus ETFE-Photovoltaik-ETFE
c. Die zusammengesetzten Laminate
d. Die synklastische Form einer integrierten Photovoltaik-ETFE-Membran-Struktur

Die hergestellten Photovoltaik-Rollen können dazu entsprechend der projektspezifischen Anforderungen auf Länge geschnitten werden (Abb. 4-8a). Die Streifen werden dann ausgerichtet und zu einem Laminat zusammengesetzt (s. Abb. 4.8b und Abb. 4.9): Die Photovoltaik-Folienschicht ist dann zwischen zwei ETFE-Lagen gleicher oder unterschiedlicher Stärke eingebettet. Diese Kaschierung schützt die Photovoltaik-Zellen vor mechanischen Belastungen und Spannungen, vor Feuchtigkeit, Bewitterung usw. Seit Jahrzehnten wird ETFE bereits in

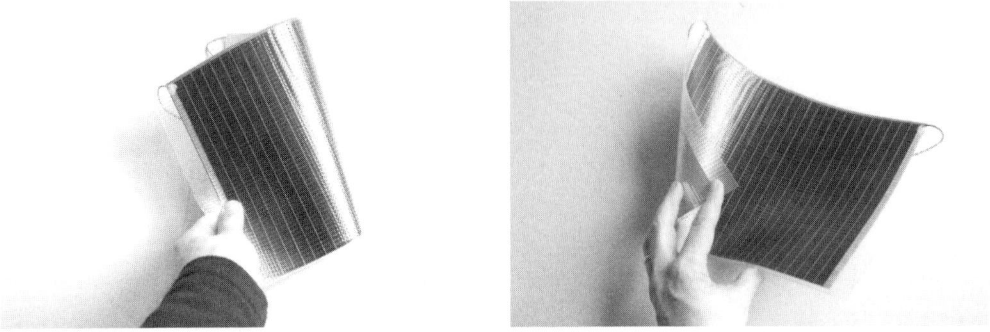

Abb. 4–9 Die zwischen zwei Lagen ETFE-Folie einlaminierten Solarzellen sind immer noch sehr flexibel

der Bauindustrie für lichtdurchlässige oder gar vollständig transparente Gebäudehüllen eingesetzt und hat seine hohe Beständigkeit gegenüber den Witterungseinflüssen einschließlich UV-Strahlung unter Beweis gestellt. Ein Alterungsprozess ist kaum messbar und die einzigartigen Oberflächenqualitäten bleiben dauerhaft erhalten (Anti-Adhäsion, ungestörte und hohe Transparenz). [8]

Die Größe der Laminate wird derzeit durch die Abmessungen der eingesetzten Laminiermaschinen bestimmt (etwa 3m x 1,5m). Daher müssen für viele Projekte die einzelnen Laminate zu größeren Flächen kombiniert werden, wie sie für Dächer oder Fassaden als einlagige Konstruktionen oder mehrlagige Kissen (pneumatische Strukturen) benötigt werden. Die Laminate werden dann entsprechend der ermittelten 3D-Form zugeschnitten und anschließend in einem besonderen Schweißprozess an den Kanten miteinander verbunden (Abb. 4-8 c+d).

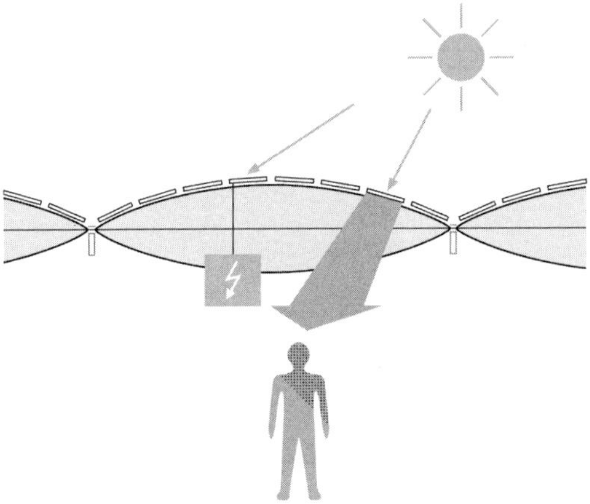

Abb. 4–10 Photovoltaik-Integration in kissenartige Folienkonstruktionen – Einsatz in der Oberlage

Die Photovoltaik kann so in pneumatische Konstruktionen wie zum Beispiel Folienkissen (s. Bild 4.10) integriert werden. Der Einsatz in der mittleren Schicht würde die Photovoltaik zwar schützen, aber gleichzeitig den Energieertrag aufgrund der Lichtbrechungseffekte der oberen

Folienschicht begrenzen und wegen der Aufheizung der absorbierender mittleren Lage, die nicht durch die Konvektionseffekte durch den Kontakt mit der Außenluft reduziert wird, weiter verringern. Daher ist die Integration in der Oberlage des Kissens deutlich zu bevorzugen.

Abb. 4–11 Prototyp für gebäudeintegrierter Photovoltaik in einer pneumatischen Konstruktion (Folienkissen in einem Bürogebäude in Rimsting am Chiemsee)

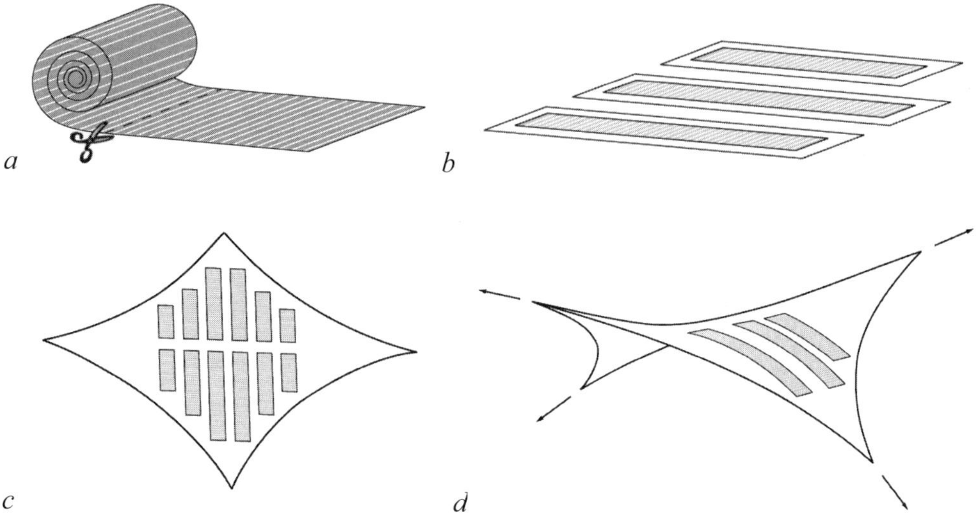

Abb. 4–12 Die einzelnen Prozess-Schritte für PV Flexibles auf PTFE/Glass
a. Die Photovoltaik-Zellen (Rollenware)
b. Die Laminate
c. Die aufgebrachten Laminate
d. Die antiklastische Form einer Integrierten Photovoltaik-PTFE-Membran-Struktur

Für die Anwendung in Verbindung mit transluzentem PTFE-beschichtetem Membrangewebe werden ebenfalls Fluorpolymere verwendet, die sich mit der PTFE-Beschichtung der Membrangewebe kraftschlüssig verbinden lassen. (Abb. 4-12 a-d, Abb. 4-13).

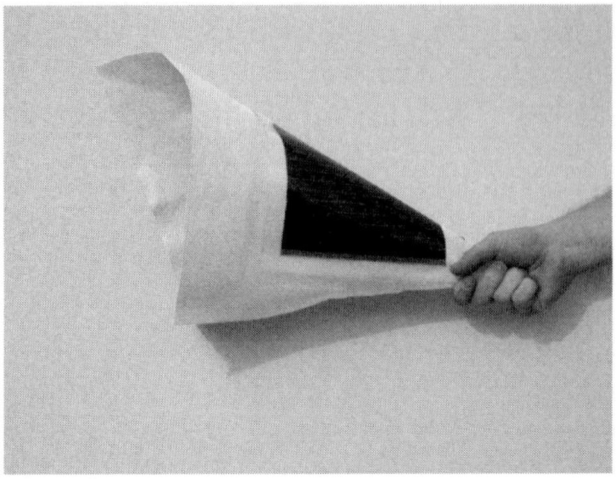

Abb. 4–13 Auch in der Verbindung mit der PTFE-beschichteten Glasgewebe-Membran bleibt das System noch sehr flexibel

Abb. 4–14 Visueller Eindruck der Integration in eine einlagige Membran- Konstruktion anhand des transluzenten Dachs des Gottlieb-Daimler-Stadions in Stuttgart: Die Aufnahme rechts zeigt eine Photomontage flexibler Photovoltaik (PV Flexibles) integriert in eine große Membrankonstruktion als Ausblick auf zukünftige Optionen. Das Bild links zeigt den gegenwärtigen Zustand des Stadiondaches.

4.1.1.4 PV Flexibles - Ertragsprognose

Die Vorhersage des Ertrags der in Membrankonstruktionen integrierten Photovoltaik ist gegenüber konventionellen Photovoltaik-Modulen weitaus komplexer - und zwar aus folgenden Gründen:

- Die Geometrie der jeweiligen Struktur wird für jedes Projekt variieren und erfordert dadurch unterschiedliche Anordnungen für die integrierte Photovoltaik. Es gibt so gut wie kein Standard-Szenario und damit keine Möglichkeit zu einer einheitlichen, Produktähnlichen Entwicklung.

- Die Ausrichtung der Photovoltaik zur Sonne kann innerhalb eines Projektes variieren: Die Formfindung der Folien oder Membrane, bestimmt durch die Gebäudegeometrie, die Unterkonstruktion und die Lasten, ist auch die bestimmende Geometrie für die Photovoltaik.
- Prinzipiell sollten die Oberflächen mindestens in eine, aber wesentlich besser noch in zwei Richtungen (antiklastisch) gekrümmt ausgebildet werden, da sie anderenfalls statisch nicht stabil wären.
- Die komplexen, dreidimensionalen Formen gestalten zudem die Abschätzung möglicher Verschattungseffekte schwierig.

4.1.1.5 Referenzen

1. Pneumatische Strukturen wurden bereits früh untersucht von Otto Frei (zum Beispiel veröffentlicht in seinem Werk *Tensile Structures*, 1962) und später von dem Architekten Thomas Herzog. vergl. hierzu Herzog Thomas: „Pneumatische Konstruktionen“ - Bauten aus Membranen und Luft. Thomas Herzog. Verlag Gerd Hatje, Stuttgart, 1976
2. Suitable existing roofs and facades with good sunshine exposure in selected 14 IEA countries (Source: Report IEA – PVPS T7- 4:2002)
3. Shah, A. et al.: Thin-film Silicon Solar Cell Technology. Progress in Photovoltaics: Research and Applications, 2004-Vol. 12, pp.113-142, 2004
4. VHF-Techologies SA, Avenue des Sports 18, CH-1400 Yverdon-les-Bains, Schweiz
5. Bailat, J. et al.: Recent Development of Solar Cells on Low-Cost Plastic Substrates. Proceedings of the 20th EU Photovoltaic Solar Energy Conference, Barcelona, Spain, pp. 1529-1532, 2005
6. Die Energy Pay-Back Time wird für ein im Süden Europas befindliches Aufdach-System mit konventionellen Dünnschicht-Modulen (keine ETFE-Laminate) als Ergebnis des SENSE Projekts angegeben. Cp. Alsema, E. et al.: 'Environmental Impacts of PV Electricity Generation - A Critical Comparison of Energy Supply Options', 3rd PV Industry Forum in Dresden, Germany, 2006, p. 3201 et seq.
7. Hartley, O.; Malmström, J.; Milner, A.: Driving the PV industry towards competitiveness (Q-Cells presentation), 3rd PV Industry Forum in Dresden, Germany, 2006, p. 3219 (3217-3220)
8. Koch, Klaus-Michael (Ed.): Membrane Structures. Prestel, Munich-Berlin-London-New York, 2004

Der Verfasser Dr.-Ing. Jan Cremers ist Architekt, Director Envelope Technology und Vorstand (CEO) der SolarNext AG/ Hightex Group, Rimsting am Chiemsee.

Weitere Informationen finden sich auch im Internet unter:

- www.solarnext.de
- www.hightexworld.com

4.2 Installation

Neben den baulichen Anforderungen sind auch die Unfallverhütungsvorschriften zu beachten.

PV-Anlagen sind grundsätzlich elektrische Anlagen im Sinne des § 2 der gültigen Unfallverhütungsvorschriften „Elektrische Anlagen und Betriebsmittel" Nach dieser UVV dürfen nur Elektrofachkräfte, die Kenntnisse und Erfahrung auf diesem Gebiet haben, die Aufsicht oder Installation der Photovoltaikanlage übernehmen. Eine Ausnahme bilden PV-Generatoren, die aus anschlussfertigen PV-Modulen mit geeigneten Steckverbindern aufgebaut werden. Unter „anschlussfertigen Betriebsmitteln" versteht man anschlussfertige berührungssichere Steckverbindungen, die nur in der richtigen Reihenfolge und unverwechselbar angeschlossen bzw. miteinander verbunden werden können. Bei diesen anschlussfertigen PV-Modulen ist eine elektrotechnische Unterweisung der mit der Installation betrauten Fachkräfte nicht unbedingt erforderlich. Anschlussarbeiten am Wechselrichter sowie weitere elektronische Arbeiten fallen aber eindeutig in den Aufgabenbereich der Elektrofachkraft.

4.2.1 Flachdach

Ein riesiges Dachflächenpotenzial zur Energieerzeugung ist derzeit noch ungenutzt. Allein in Deutschland steht eine Fläche von 2.850 km^2 auf Flachdächern zur Verfügung[5].

Für die Auswahl des optimalen Montagesystems ist zuerst die Bauart des Daches festzustellen.

Grundsätzlich unterscheidet man in

a) Warmdach
b) Kaltdach
c) Umkehrdach

Bei Industriehallen mit meist sehr geringer Dachneigung bzw. mit einer Dachneigung von gerade einmal 3° sind besondere Anforderungen zu erfüllen.

Des Weiteren sollte die Tragfähigkeit der Dachkonstruktion durch einen Statiker überprüft werden.

Mit einer Flächenlast von rund 25 kg/qm ist nicht das Eigengewicht die Problemstellung, sondern vielmehr die Druck- und Sogkräfte, die durch den Wind entstehen.

Für die Auf-Dach-Montage der Module werden verschiedene Systeme angeboten. Sie unterscheiden sich nach Befestigungsart, Material und Preis.

Tab. 4–2 Befestigungsarten

Befestigungssystem	Befestigungsart
Auflast	• Wannensystem – mit Kies befüllt • Gestellsystem – mit Betonplatten oder Fertigstürzen beschwert
Eigenlast	• Eigengewicht der Befestigungselemente allein ausreichend
Verankerung	• Verschraubung der Unterkonstruktion auf z. B. Betonschwellen • Verschraubung der Unterkonstruktion mit dem Tragwerk

5 Luther, J. u. a. Energieversorgung der Zukunft, S. 38 f

Für die Auswahl der geeigneten Befestigungsart können folgende Kriterien herangezogen werden:

- Konstruktionshöhe

  Sollen die Module in Einzelreihen oder mehrreihig montiert werden?

  Soll die PV-Anlage von der Straße / anderen Gebäudeteilen aus sichtbar sein?

- Lastverteilung

  Welche Lasten können punktuell aufgebracht werden, bzw. ist eine flächige Verteilung der Lasten erforderlich?

- Montageaufwand

  Wie hoch ist der Aufwand für System, Transport und Befestigung?

Bei der Auf-Dach-Montage auf ein Flachdach werden die Module idealerweise mit einer Neigung von 30° in Südausrichtung installiert.

Können die erforderlichen Auflasten von der Unterkonstruktion nicht aufgenommen werden, reicht oft schon eine Änderung des Modulneigungswinkel. Bei einer Aufständerung von nur 15° nimmt die erforderliche Auflast gravierend ab. Des Weiteren minimieren sich die Kräfte, wenn die Modulzeilen nicht bis an den Dachrand montiert werden.

Es ist auf alle Fälle bei Auflastmontage eine Bautenschutzmatte zwischen Dachhaut und Konstruktion zum Schutz der Dachdichtigkeit zu verwenden. Bei Foliendächern ist auf die Verträglichkeit von Bautenschutzmatte und Dachfolie zu achten.

Durch die eventuelle Aufständerung der Module ist die Eigenverschattung zu berücksichtigen. Nach der Festlegung ob ein- oder mehrreihige Modulzeilen auf dem Dach entstehen, muss der Zeilenabstand zwischen den Modulen berechnet werden. Aufgrund der Wirtschaftlichkeit, aber auch zum Systemschutz, sollte eine Verschattung besonders durch die Aufständerung unbedingt vermieden werden.

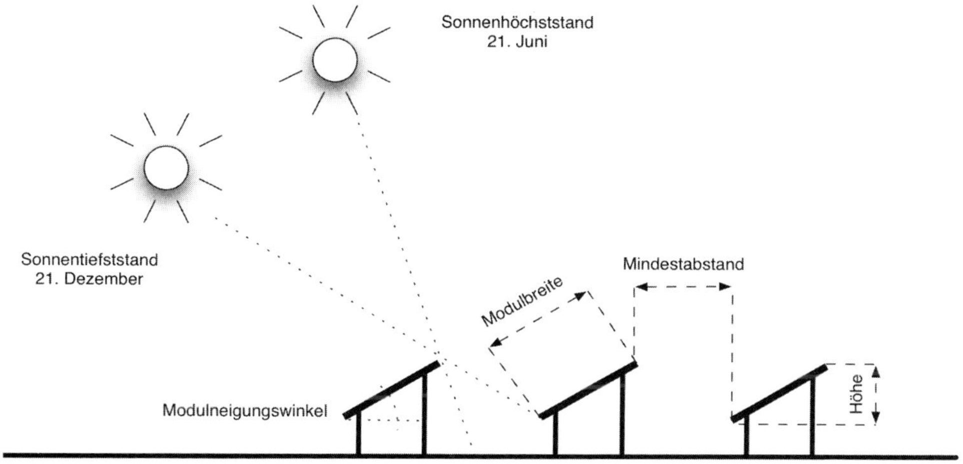

Abb. 4–15 Mindestabstände der PV-Module bei einer Aufstellung nach Süden auf einem Flachdach

Der Sonnenstand ist das ausschlaggebende Maß bei der Verschattung. Zugrunde gelegt wird immer der tiefste Sonnenstand am 21. Dezember, 12:00 Uhr. An diesem Tag ist der Schlagschatten am längsten.

Tab. 4–3 Rechnerische Ermittlung des Modulabstands

Rechnerische Ermittlung:
Mindestabstand $= \dfrac{\text{Höhe}}{\tan(\text{Sonnentiefststand 21.12., 12 Uhr Mittag})}$
Höhe = sin (Modulneigungswinkel) x Modulbreite

Der Sonnentiefststand[6] ist von der geographischen Lage des Bauvorhabens abhängig.

Bestimmung der Mindestabstände für einen verschattungsfreien Aufbau von PV-Modulen mit nach Süden orientierter geneigter Anordnung auf vertikalen und horizontalen Gebäudeflächen für verschiedene Breitengrade.

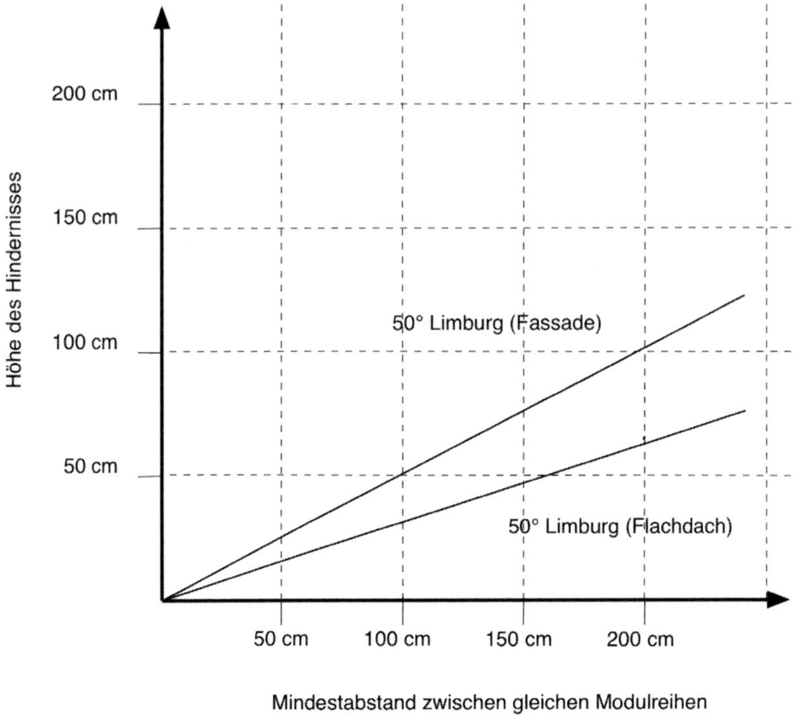

Abb. 4–16 Ermittlung der Mindestabstände

6 Limburg liegt auf dem 50. Breitengrad. Genaue Angaben sind über den DWD zu erfahren.

Befestigungsarten:

Abb. 4- 17 Befestigung auf KalZip® Aludach

Bei Zinkblechdächern sowie Aluminiumprofilen gibt es eine Vielzahl von industriellen Lösungen. Mit vorgefertigten Profilklemmen ist die Befestigung der Module in jede Richtung möglich.

Befestigung der Module auf einem Flachdach durch Belastung

Eine gängige Art, Module auf einem Flachdach zu installieren, ist die Aufständerung und die Beschwerung durch Gewichte.

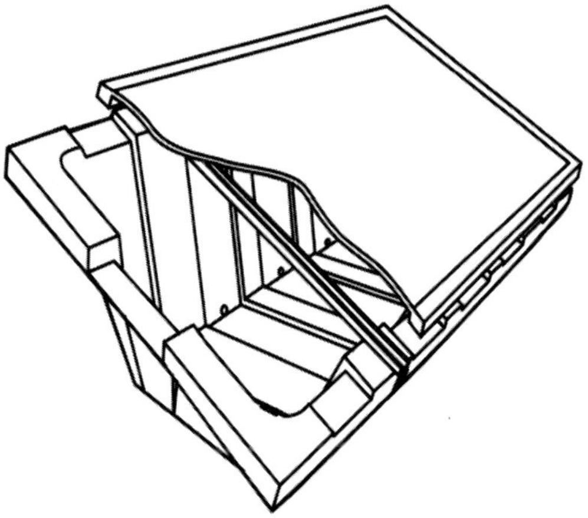

Abb. 4–18 ConSoleWannenbefestigung

Gerade bei älteren Flachdachkonstruktionen mit Massivdecke und Kiesschüttung ist die Wannenlösung[7] empfehlenswert. Kunststoffwannen werden mit einer zusätzlichen Bautenschutzmatte und Fliesschicht auf die Dachhaut gestellt. Die vorhandene Kiesschüttung wird einfach als Gewicht in die Wanne gefüllt. Somit ändert sich die Dachlast nur wenig und zudem ist diese Methode sehr wirtschaftlich.

4.2.2 Fassade

Solarmodule sind geeignet, die Funktion der klassischen Fassadenverkleidung zu übernehmen. Das Solarmodul wird hierfür wie eine bauübliche Fassadenplatte als äußerer Witterungsschutz für die Fassade eingesetzt und hinterlüftet. Die Module sind als Werkstoff und Baumaterial vergleichbar mit Glasplatten:

- Bei Glas-Glas-Modulen und Glas-Folien-Laminaten schützen Glasscheiben die Solarzellen im Modul.
- Bei Dünnschichtsolarmodulen ist die Glasscheibe als Substrat orginärer Bestandteil der Solarzelle.

Kaltfassade

Die hinterlüftete Kaltfassade ist der ideale Einsatzort für Solarmodule aus kristallinen Solarzellen, da die Hinterlüftung den Wirkungsgrad steigert. Daneben werden auch Dünnschichtmodule verwendet. Diese werden auf Metallbahnen angebracht und wie Metallfassaden verbaut.

Warmfassade

Beim Warmfassadenaufbau sind Dünnschichtmodule besser geeignet, da sie einen geringeren oder keinen Wirkungsgradverlust bei Erwärmung haben. Dünnschichtsolarmodule aus amorphem Silizium werden sogar zu dämmstoffgefüllten Sandwichelementen verarbeitet, die einen kompletten Fassadenaufbau, zum Beispiel bei Industriehallen, übernehmen.

Standardmodule zur Integration bei Kaltfassaden

Eine Alternative zu maßgefertigten Solarmodulen stellt die Verwendung von kostengünstigeren Standardmodulen als Fassadenverkleidung dar. Standardmodule sind gerahmt und ungerahmt erhältlich. Zumeist werden rahmenlose Glas-Folien-Laminate eingesetzt.

Gestaltung

Standardmodule sind in der Regel mit einer rückseitigen Kunstoff-Aluminium-Verbundfolie ausgestattet, wodurch sie ein opakes Erscheinungsbild haben. Gestalterisch bietet sich hier die Möglichkeit, die üblicherweise verwendete weiße Rückseitenfolie gegen eine anthrazitfarbene auszutauschen. Besonders empfehlenswert ist diese Variante bei monokristallinen Solarzellen mit abgerundeten Ecken.

---

7 System Fa. econergy, Utrecht, NL

Konstruktion

Bei der Verwendung von Standardmodulen sollte man bereits bei der Planung die Fassadenflächen maßlich anpassen, so dass die Module die zu verkleidende Fläche optimal abdecken können. Die konstruktive Integration erfolgt wie bei jeder anderen Fassadenplatte. Die wärmegedämmte Wandkonstruktion erhält einen Witterungsschutz und die Solarmodule werden entweder mit offenen oder geschlossenen Fugen befestigt. Um eine gute Hinterlüftung zu gewährleisten, sollte zwischen der Wandkonstruktion und den Modulen genügend Platz sein. Zur Integration stehen verschiedene Montagesysteme für Kaltfassaden zur Verfügung.

Baurechtliche Eignung

In Deutschland gelten die Richtlinien des Deutschen Institutes für Baurecht in Berlin. Glasfirmen, Solarfirmen, Fassadenbauer und Glasstatiker berechnen die notwendigen Glas-Typen und -Stärken. Gegebenenfalls ist eine Prüfung im Einzelfall zu beantragen.

Die baurechtliche Eignung von Standardmodulen zur Fassadenverkleidung ist abhängig von:

- der Gebäudehöhe,
- dem Standort und seinen Windlasten,
- den Produkteigenschaften.

Für Fassadenverglasungen muss ESG-Glas verwendet werden. Die meisten Glasfronten von Standardmodulen entsprechen dieser Anforderung. Die statisch notwendige Glasdicke wird jedoch in der Regel nur von den kleineren Formaten der Standardmodule (ca. 1 - 1,5 qm) erreicht.

Die üblichen Normungen der Solarmodule beinhalten nur Angaben über die elektrische Leistungsfähigkeit sowie die Resistenz gegen Hagelschlag, nicht aber über die statischen Eigenschaften als Bauprodukt.

Sondermodule zur Integration bei Kaltfassaden

Maßgefertigte Solarmodule erlauben eine große gestalterische und konstruktive Freiheit. Die Hersteller können dabei individuelle Lösungen für die spezifischen Bauaufgaben erarbeiten. Je nach

- Fassadentyp
- Fassadenraster
- Konstruktionsart
- Gebäudehöhe
- Standort

können Solarmodule individuell angepasst sowohl in bestehende Gebäude als auch in Neubauten optimal integriert werden.

Die individuelle Fertigung erlaubt auch Punkthalterungen, für die Bohrungen in die noch unbehandelten Glasscheiben der Module vorgenommen werden.

Gestaltung

Die Solarmodule lassen verschiedene Wahlmöglichkeiten zu bei:

- Größe
- Solarzellentyp
- Solarzellentransparenz
- Solarzellenfarbe
- Farbe und Transparenz der rückwärtigen Glasscheibe/Hintergrundfolie
- Glastyp/Folientyp

Konstruktion

Maßgefertigte Solarmodule entsprechen allen konstruktiven Anforderungen an Glasfassaden und erlauben die Verbauung mit allen üblichen Glasbausystemen.

Baurechtliche Aspekte

Gemäß den Bauvorschriften ist bei Vertikalverglasungen die Verwendung von ESG-Glas vorgeschrieben. Deshalb ist bei Glas-Folien-Laminaten und Glas-Glas-Modulen auf die Verwendung von ESG-Gläsern zu achten.

Die notwendigen Glasstärken und Glastypen werden für das jeweilige Projekt berechnet. Bei Sondermodulen können deutlich größere Glasformate als bei den Standardmodulen für Glasfassaden verwendet werden, da die Glasstärke den statischen Anforderungen entsprechend bestimmt und ausgeführt werden kann.

Im Fassadenbereich müssen die Solarmodule die baurechtlichen Anforderungen für Überkopfverglasungen erfüllen. Für die Genehmigung ist das örtliche Bauamt zuständig.

Nutzung von indirekter Solarstrahlung an der Fassade

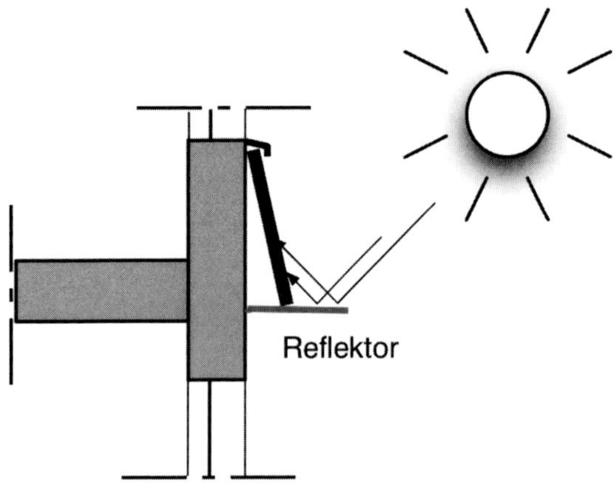

Abb. 4–19 Reflexion durch Sonnenschutz

Nicht nur komplette solare Fassadensysteme finden in der Architektur Anwendung. Es besteht ebenfalls die Möglichkeit, einzelne Module bzw. Modulreihen zu integrieren. Dabei kann Nutzen aus der indirekten Strahlung und den entstehenden Reflexionen gewonnen werden.

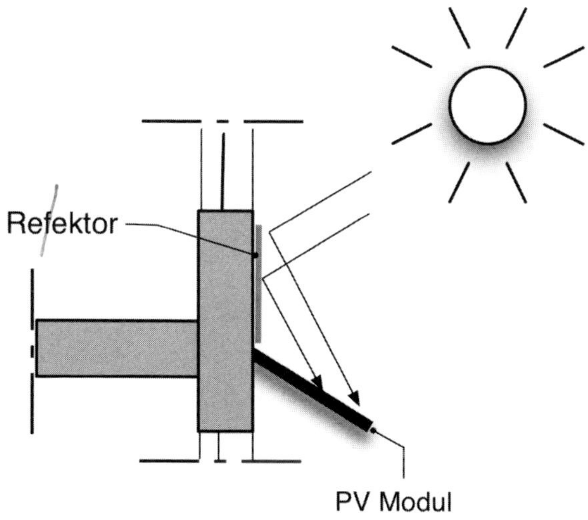

Abb. 4–20 Reflexion an der Fassade

Bei beiden dargestellten Varianten wird zusätzlich zur direkten Einstrahlung auch die indirekte Sonnenstrahlung genutzt. Diese kann zusätzlich durch die Verwendung eines Reflektors z. B. ein Blech noch erhöht werden.

Als Reflektor ist schon eine helle Wandfläche ausreichend. Dieser muss nicht unbedingt eine spiegelnde Funktion besitzen, um Reflexionen zu erzeugen.

Structural Glazing

Mit Structural Glazing oder Structural Sealant Glazing bezeichnete Fassaden sind geklebte Ganzglasfassaden, bei denen die Konstruktion unsichtbar hinter der Glasfassade liegt.

Die Verglasung, in diesem Falle das Glas-Glas-Solarmodul, wird rückseitig mit der Metallstruktur der Fassadenkonstruktion verklebt.

In Deutschland müssen die Glaselemente jedoch ab einer Einbauhöhe von acht Metern über dem Boden zusätzlich mechanisch gegen Sog gesichert werden. Das rein gläserne Fassadenbild, frei von Verankerungselementen, wie auf dem Bild des Solarzentrums in Freiburg zu sehen, ist daher nur bei entsprechend niedrigen Gebäuden möglich.

In der Regel werden daher Punkthalterungssysteme bevorzugt, die ebenfalls ein rahmenloses Erscheinungsbild erlauben. Auch flache Glasprofile werden häufig verwendet.

4.2.2.1 Montagesysteme

Pfosten-Riegel-Systeme

Pfosten- und Riegelkonstruktionen werden in der Regel für PV-Isolierverglasungen verwendet. Verschiedene Fassadenbauer bieten hierfür bereits standardisierte Systeme an, die sich geringfügig voneinander unterscheiden. Die Profile sind dabei so ausgebildet, dass sie die Stromführung aufnehmen können. Diese verläuft dann entweder direkt in den Profilen oder hinter davor gesetzten Aufsatzschalen. Hohlkammerprofile aus Aluminium oder Stahl erlauben eine einfachere Integration der Kabelführung, grundsätzlich spricht aber nichts gegen die Verwendung von Holzprofilen.

Abb. 4–21 Kabelverlegung im Riegel (Scheuten)

Die Solarmodule werden für die Integration in Isolierverglasungen so ausgebildet, dass die Stromkabel seitwärts aus dem Modul austreten und über das Profilsystem weggeführt werden können. Der Betrachter hat so auch von innen einen ungestörten Anblick frei von Kabeln und Anschlussdosen.

Um Verschattungen zu vermeiden, sollte man bei der Pfosten- und Riegel-Konstruktion folgendes beachten:

- Verwendung von möglichst flachen Profilen
- Ausrichtung des Randabstands der Solarzellen nach der Tiefe des Glaseinstandes, da Verschattungen durch diesen berücksichtigt werden müssen. Ratsam sind 5 cm.

Punkthalterungen

Highlight in der Entwicklung: Die Punkthalterung der Solon AG dient nicht nur der Befestigung der Module, sondern ebenfalls der Stromabführung.

Punkthalterungen erlauben eine rahmenlose Verarbeitung von Solarmodulen zu attraktiven

Ganzglasfassaden. Diese bekannte und bauübliche Halterungsart hat bei Solarmodulen besondere Vorteile:

- Keine Eigenverschattungen durch Konstruktionselemente
- Vermeidung von Verschmutzungen

Geeignet sind sowohl Glas-Glas-Laminate, als auch Glas-Folien-Laminate in Standard- oder Spezialanfertigung.

Für alle Punkthalterungen, die eine Bohrung des Glases erfordern, müssen Sondermodule verwendet werden, da Standardmodule aus sekurisierten Gläsern gefertigt sind, die nicht mehr mechanisch bearbeitet werden können.

Solarmodule werden mit Punkthaltern verarbeitet, die in den Fugen ansetzten.

Folgende Punkthalterungssysteme werden bei Solarmodulen verwendet:

1. Klassische Punkthalter in durchbohrten Glasscheiben mit versenktem oder aufgesetztem Kopf.
2. Hinterschnittdübel der Fischerwerke (nur bei Glas-Glas-Modulen möglich, da eine Rückglasscheibe erforderlich ist.
3. Punkthalterungen in offenen Fugen von Kaltfassaden – für diese weit verbreitete Technik stehen mehrere Systeme zur Verfügung:
    - Clipsystem in den Fugen (ALUHIT -System)
    - Klemmsystem in der Fuge (Schuler und Jatzlau Architekten)
    - Klemmsystem in den Modulecken (BP-Solar)

Hinterschnittdübel in der rückwärtigen Glasscheibe

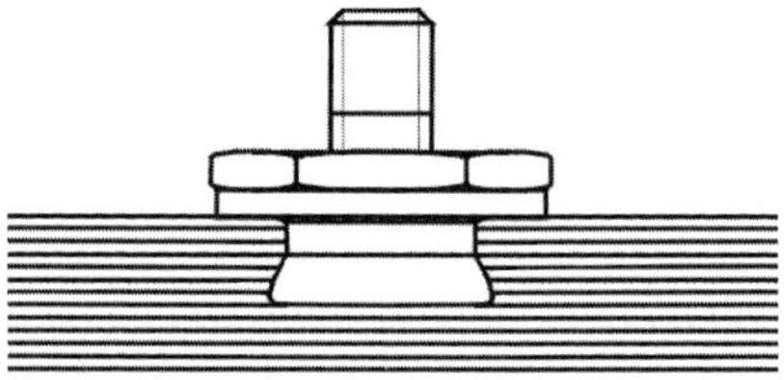

Abb. 4–22 Hinterschnittdübel

Der Hinterschnittanker ist eine Entwicklung der Fischerwerke in Denzlingen. Er ermöglicht eine unsichtbare, aber im Gegensatz zu geklebten Structural Glazing Fassaden, mechanische Befestigung für Glasfassaden und Photovoltaik-Module in Glas-Glas-Ausführung.

Baurecht

Allerdings gelten punktgehaltene Verglasungen nicht als geregeltes Bauprodukt, daher ist bei jedem Bauvorhaben eine Zustimmung im Einzelfall erforderlich. Die Hersteller wirken jedoch in der Regel am Genehmigungsverfahren mit, das bei oft verwendeten Produkten auch stark abgekürzt werden kann.

Punkthalterung in der offenen Fuge

Dieses spezielle Punkthalterungssystem, entwickelt von den Architekten Schuler und Jatzlau, erlaubt es, die Solarmodule und die Glasfassadenplatten in einem Konstruktionssystem zu verarbeiten.

Die Fassadenplatten werden in den offen bleibenden Fugen durch eine Klemmplatte gehalten. Durch die maßliche und gestalterische Anpassung der Solarmodule kann ein sehr geschlossenes Erscheinungsbild erreicht werden.

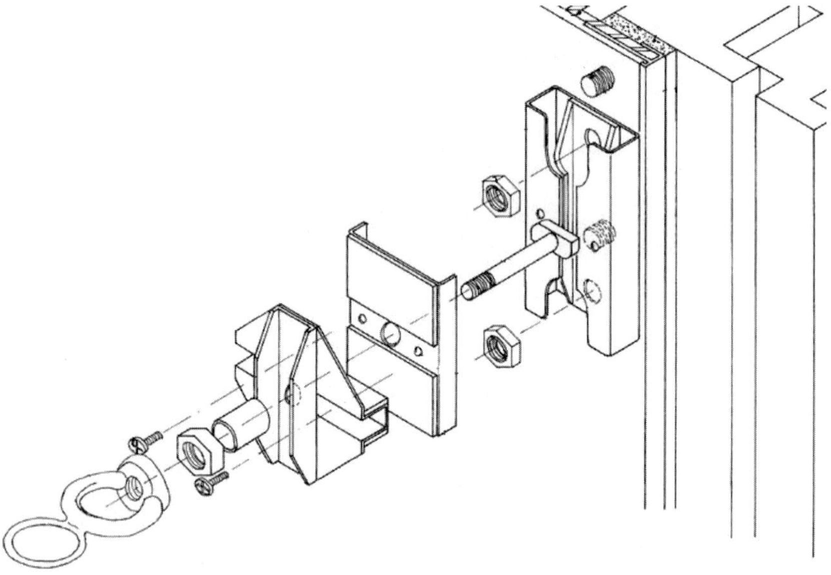

Abb. 4–23 Detailzeichnung einer Punkthalterung mit offener Fuge

Die gesamte Fassade wurde als Kaltfassade mit zu öffnenden Fenstern und bandartigen opaken Brüstungsbereichen ausgeführt. Alle Fassadenkomponenten folgen einem einheitlichen Raster und Konstruktionsprinzip.

Linien-Halterungen

Zur Integration von Solarmodulen sind die meisten üblichen Fassadensysteme für linienförmige Glashalterungen geeignet.

Für Kaltfassaden werden Solarmodule mit Einscheiben-Sicherheitsglas (ESG) ausgeführt.

Das Solarmodul muss mindestens auf zwei gegenüberliegenden Seiten linienförmig gelagert sein. Bei vierseitiger Lagerung können die Gläser dünner dimensioniert werden als bei zweiseitiger Lagerung oder Punkthalterung.

Baurecht

Linienhalterungen gelten als geregeltes Bauprodukt. Sie unterliegen den „technischen Regeln für die Verwendung von linienförmig gelagerten Verglasungen", die vom Deutschen Institut für Bautechnik (DIBt) herausgegeben worden sind und mittlerweile von allen Bundesländern in landesspezifisches Baurecht umgesetzt wurden.

Abb. 4–24 OpTic Technium building, CIS Fassade in Denbighshire/North Wales, (Shell solar GmbH)[8]

4.2.2.2 Sonnenschutz

Solare Sonnenschutzsysteme

Solare Sonnenschutzsysteme sind wichtige Elemente einer zunehmend gläsernen und transparenten Architektur. Sie haben drei Hauptaufgaben:

- Ausblendung des direkten Sonnenlichtes, um Blendung, Spiegelungen auf dem Bildschirm und Überhitzung zu vermeiden
- Maximaler Einlass von diffusem Tageslicht, um eine möglichst vollständige Tagesbelichtung zu erreichen
- Maximaler solarer Energiegewinn zur Umwandlung in Solarstrom

---

[8] CIS Fassaden (Dünnschichttechnik) erzeugen mehr Energie bei gleicher Lichtstärke – benötigen aber mehr Fläche. CIS Module sind preiswerter als Polykristalline.

Die Nachführung der PV-Lamellen erhöht gleichzeitig die Effektivität von Verschattung und solarer Stromerzeugung. Semitransparente Solarzellen sorgen für einen gleichmäßigen Schattenwurf bei hohem Tageslichtdurchlass.

Sick Building Syndrome

Aus den ehemals „modernen" Bürogebäuden der 70- und 80- Jahre ist der „vicious circle" des so genannten „Sick-Building-Syndrom" bekannt:

- Großflächige Verglasungen lassen zuviel direkte Solarstrahlung hindurch,
- innenliegende Jalousien blenden das Tageslicht vollständig aus, der Raum ist dunkel aber erwärmt sich,
- die Klimaanlage läuft auf Hochtouren, um zu kühlen – und bringt dabei Bakterien und Zugerscheinungen in den Raum,
- Kunstlicht und 'sick-building-syndrom' machen die Mitarbeiter krank und mindern ihre Leistung.

Die Folgen waren unkomfortable Arbeitsumgebungen und erhöhter Energieverbrauch für Kühlenergie und künstliche Beleuchtung.

Solarer Energiegewinn

Zentrale Vorteile und Anliegen von solaren Verschattungssystemen sind hohe solare Energiegewinne im doppelten Sinne:

- durch maximale Tageslichtausbeute,
- durch optimierte Solarstromgewinnung bei gleichzeitiger Minimierung von Kühllasten.

In der Folge sind die Mitarbeiter:

- motiviert durch ein angenehmes Arbeitsumfeld,
- stimuliert durch eine maximale Tageslichtmenge am Arbeitsplatz wegen der positiven physiologischen Wirkung des Tageslichtes,
- konzentriert durch besseres Licht für Ihre Augen,
- gesünder durch das Wegfallen des 'sick-building-syndrome' und der negativen Wirkungen künstlicher Kühlung.

G-Wert und Transmissionsgrad

Sonnenschutzmaßnahmen tragen zur Vermeidung von Kühlenergie und Klimaanlagen bei. Denn je höher der Gesamtenergiedurchlasswert (G-Wert) einer Verglasung ist, desto stärker sind die sommerlichen Wärmelasten. Damit die Sonnenschutzmaßnahmen aber nicht zu einem erhöhten Stromverbrauch für künstliche Beleuchtung führen, muss das Sonnenschutzsystem zugleich auch ein Tageslichtsystem sein.

Sonnenschutzsysteme haben die Aufgabe:

- den G-Wert der Fassade zu minimieren, um eine Überhitzung des Innenraumes durch den Eintritt von zu viel direkter Solarstrahlung zu verhindern,
- den Tageslichtquotienten zu maximieren, damit genügend Tageslicht vorhanden ist.

Ziel ist, dass trotz Verschattung kein Kunstlicht zugeschaltet werden muss und alle Nutzflächen optimal ausgeleuchtet sind. Die Integration von Solarzellen in Verglasungen erlaubt es, gleichzeitig abzuschatten und über die gesamte Modulfläche diffuses Tageslicht hindurch zu lassen.

Untersuchungen von semitransparenten Solarzellen in Isolierverglasungen haben ergeben, dass ein G-Wert von 0,15 realisiert werden konnte. Das heißt: nur 15 % der Sonnenergie wurden durch die Verglasung in den Innenraum gelassen. Gleichzeitig erfolgt die Transmission relativ regelmäßig über das gesamte sichtbare Lichtspektrum, so dass keine Farbverfälschungen auftreten. Von Sonnenschutzverglasungen ist der Effekt bekannt, dass die Lichtfarben spektral gefiltert werden. Dies führt zu arbeitsphysiologisch ungünstigen Lichtverhältnissen.

Um aus dem Sonnenlicht Solarstrom zu erzeugen, absorbieren die Solarzellen ca. 75 % des Sonnenlichtes, das auf das Solarmodul fällt. Ein großer Teil dieses Lichtes wird auch in Wärme umgewandelt. Da die Solarzellen in die äußere Scheibe der Isolierverglasung eingebettet sind, wird jedoch der größte Anteil der Wärme wieder nach außen abgestrahlt und trägt nicht zur Erwärmung des Innenraumes bei.

Feststehende Lamellensysteme dienen ausschließlich zum Sonnenschutz oder zur Unterstützung der Tagesbelichtung.

Technisch ähneln sie einem kleinen Vordach (canope roof). Im Unterschied zu diesem übernehmen sie aber nicht die Funktion des Regenschutzes und sind daher auch nicht untereinander zum Dach verbunden, sondern werden frei gehalten.

Geeignete Solarmodule

In der Regel kommen maßgefertigte Glas-Glas-Module zum Einsatz, aber auch Glas-Folien-Laminate. Mehrere Hersteller bieten bereits standardisierte Profilsysteme zur Aufnahme der Solarmodule an.

Meist müssen die Solarmodule die baurechtlichen Anforderungen für Überkopfverglasungen erfüllen. Zuständig für die Genehmigung ist das örtliche Bauamt.

Fester Sonnenschutz

Die aus Kostengründen am häufigsten ausgeführte Verschattungsart mit Photovoltaikmodulen ist der fest montierte Sonnenschutz.

Hierbei sollte jedoch darauf geachtet werden, dass ein direkter Anschluss der Photovoltaikmodule an die Fassade vermieden wird. Aufsteigende Wärme staut sich unter den Modulen, was zur Folge hat, dass die entstandene Hitze in den Raum dringt und diesen erwärmt. Zudem wirkt sich die Stauwärme negativ auf den Wirkungsgrad der Generatoren aus.

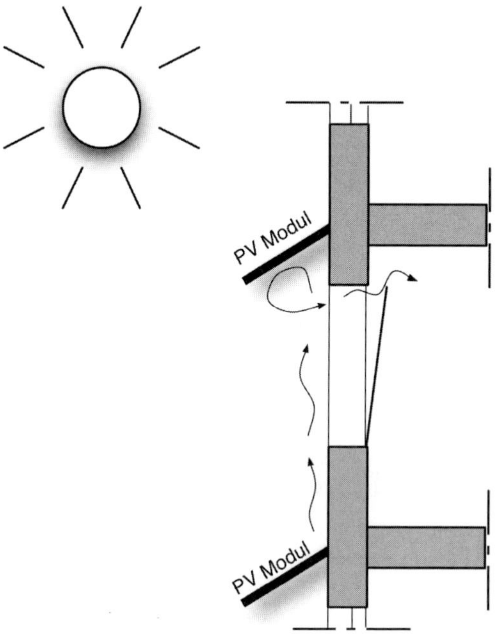

Abb. 4–25 Wärmestau bei Sonnenschutz

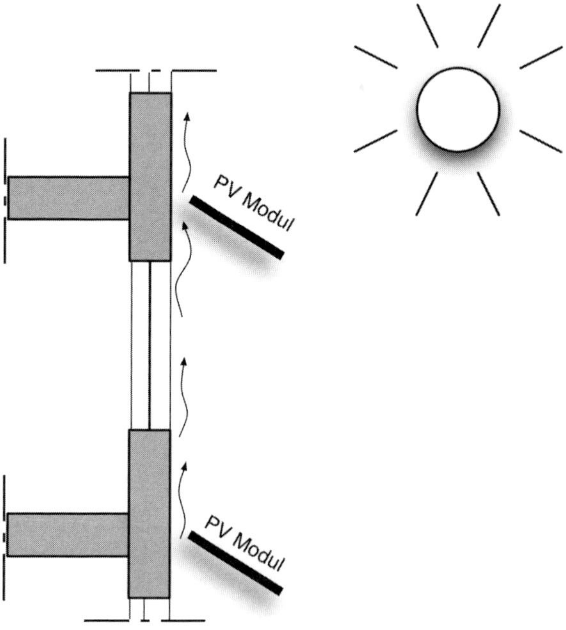

Abb. 4–26 Hinterlüfteter Sonnenschutz

Um den unerwünschten Effekt zu vermeiden, sollten die Module mit ausreichendem Abstand zur Fassade installiert werden. Eine Erwärmung der Räume wird somit auf ein Minimum reduziert.

Hinterlüftete Photovoltaikmodule haben einen wesentlich besseren Wirkungsgrad. Zudem wird die Erwärmung der Fassade und der Räume auf ein Minimum reduziert.

Bewegliche Lamellen

Bewegliche Lamellensysteme werden als Sonnenschutz und zur Unterstützung der Tagesbelichtung eingesetzt. Mehrere Hersteller bieten standardisierte Profilsysteme zur Aufnahme der Solarmodule an.

Dem Sonnenlauf nachgeführte Verschattungssysteme mit Photovoltaik-Lamellen sind eine sehr hochwertige und multifunktionale Art der Solarintegration. Die stufenlose Nachführung erlaubt eine ganztägige, blendfreie Verschattung bei optimierter Tageslichtausbeute und hohem Solarstromertrag.

Nachführung der PV-Lamellen

Zur Nachführung der PV-Lamellen gibt es zwei unterschiedliche Systeme:

1. **Computergesteuert mit Elektromotoren**

   Die Nachführung erfolgt über einprogrammierte Sonnenlaufbahnen, bezogen auf Datum, Uhrzeit und Standort.

2. **Solarautark mit solar gesteuerter Thermohydraulik**

   Sowohl Antrieb als auch Steuerung werden solar betrieben. Zwei gegensätzlich ausgerichtete Sonnenkollektorröhren sind mit einer thermohydraulischen Flüssigkeit gefüllt und mit den beiden Enden eines Zylinders verbunden. Durch den Lauf der Sonne wird die eine Röhre intensiver als die andere bestrahlt. Die Flüssigkeit in der Röhre erwärmt sich und dehnt sich aus. Der Druck bewegt eine Schubstange und dreht die Lamellen optimal zur Sonne.

Konstruktion

Die Lamellen werden meist segmentweise auf einer geeigneten Unterkonstruktion zusammengefasst, damit mehrere hintereinander liegende Lamellen zusammen über Schubstangen nachgeführt werden können. Für ein elegantes und transparentes Erscheinungsbild werden die Lamellen meist punktgehalten und unterliegen somit einer Genehmigung im Einzelfall.

Solarmodule für Verschattungslamellen

In der Regel kommen maßgefertigte Glas-Glas-Module zum Einsatz, aber auch Glas-Folien-Laminate sind geeignet. Im Fassadenbereich müssen die Solarmodule die baurechtlichen Anforderungen für Überkopfverglasungen erfüllen. Über Glasdächern, z. B. von Atrien, übernehmen die Verglasungen diese Funktion. Die Lamellen werden meist nur teilbelegt mit Solarzellen, um eine gegenseitige Verschattung der Zellen zu vermeiden und gleichzeitig eine vollflächige Verschattung sicherzustellen. Die zellfreien Bereiche werden häufig mit weißem Siebdruck im Punktraster bedruckt.

Geeignete Solarzellen und Schattenbild

Ein besonders homogener Schattenwurf entsteht durch die Benutzung von transparenten Solarzellen, wie z. B. den transparenten Solar Cells von Sunways. Geeignet sind auch semitransparente Dünnschicht-Solarzellen.

Höchste Effizienz bieten opake kristalline Solarzellen. Um den Schattenwurf von Lamellen, den am häufigsten verwendeten Zellen, zu vereinheitlichen, wird entweder eine weiße lichtstreuende Folie eingesetzt oder die rückwärtige Glasscheibe mit weißem Emailit bedruckt.

Solarer Fensterladen

Der „Solare Fensterladen[9]“ ist ein multifunktionales Bauelement, das die historischen Funktionen eines Fensterladens mit innovativer Solartechnik kombiniert. Besonders in südlichen Ländern ist der Fensterladen als äußere Verschattung ein nicht wegzudenkender Teil tradierter Architektur und Stadtkultur. Der „Solare Fensterladen“ wurde bereits als denkmalgeeignet eingestuft.

Abb. 4–27 Solarer Fensterladen (Schneider)

[9] Der Solare Fensterladen wurde von der Berliner Architektin Astrid Schneider entwickelt und patentiert.

Durch die Variation von

- Belegungsdichte des Solarmoduls mit Solarzellen,
- Solarzellenart (opak oder semitransparent),
- Wahl der Rückglasscheibe (hochtransparentes Weißglas, farbiges Glas, opak farbig beschichtetes Glas, bedrucktes Glas) kann die Verschattungswirkung zwischen lichtdurchlässig und komplett verdunkelnd eingestellt werden.

Optimaler Lichteinfall auch im Winter

Ein wesentlicher Vorteil ist, dass der Fensterladen auf Wunsch auch vollständig zur Seite bewegt werden kann. Im Gegensatz zu feststehenden Verschattungssystemen oder überstehenden Bauteilen kann so auch im Winter eine volle Ausbeute des Zenitanteils des diffusen Tageslichtes gewährt werden.

Der passiv solare Grundgedanke – dass im Winter die Sonne tief steht und eintreten kann – trägt nicht der Tatsache Rechnung, dass in Deutschland der bedeckte Himmel im Winter überwiegt. Jeder sichtbare Anteil des Himmelszeltes trägt dann zur Tagesbelichtung des Innenraumes bei – und der Zenit hat die höchste Strahlungsdichte.

Gestaltbarkeit

Der „Solare Fensterladen“ wird projektspezifisch gefertigt und ist in verschiedenen Designs erhältlich, auch rahmenlos. Die Varietät der am Markt vorhandenen Solarzellen, Zellfarben und -formen sowie Gläser in Kombination mit der Rahmengestaltung bzw. Punkthalterung ermöglicht eine individuelle Gestaltung und Anpassung des Solaren Fensterladens an verschiedene Bauaufgaben und Belichtungswünsche.

Sichtschutz

Transluzente Siliziumzellen sind vielseitig einsetzbar.

Sie eignen sich nicht nur als Sonnenschutz.

Integriert in die Fassade lassen sich besonderst reizvolle Lichtspiele als Sichtschutz konstruieren.

Für die Farbauswahl der Zellen stehen diverse Kombinationsmöglichkeiten zur Verfügung, so dass der Kreativität keine Grenzen gesetzt sind.

Mit neuen Glastechnologien ist es z. B. möglich, auf Knopfdruck Glasflächen durch Einfärbung undurchsichtig zu gestalten oder im umgekehrten Fall glasklar erscheinen zu lassen.

Abb. 4–28 Bäckerei Härdner (sunways)

4.2.3 Freiflächenanlagen

Eine weitere Möglichkeit, Photovoltaikmodule zu installieren, ist die bodennahe Montage, im Allgemeinen als Freiflächenanlagen bekannt.

Stehen große Landflächen zur Verfügung, kann durchaus eine gute Wirtschaftlichkeit erreicht werden. Allerdings sind Freiflächenanlagen in der Regel mit einem großen Planungsaufwand verbunden.

Befindet sich die Anlage im unbeplanten Außenbereich muss der Flächennutzungsplan vorab geändert werden. Photovoltaik-Anlagen zählen nicht zu den privilegierten Bauvorhaben. Bei der Planung einer Freiflächenanlage ist es ebenfalls ratsam, im frühen Planungsstadium die Öffentlichkeit darüber zu informieren. Nicht selten brachten Bürgerinitiativen in der Vergangenheit schon manch genehmigtes Projekt zum Kippen.

Des Weiteren ist großer Wert auf Rückbau und Umweltverträglichkeit der Fundamentierung zu legen.

Beton- oder feuerverzinkte Stahlrohrfundamentierung ist bei den Genehmigungsbehörden und vor allem bei der unteren Naturschutzbehörde nicht gerne gesehen. In der Vergangenheit kamen oftmals unbehandelte Holzkonstruktionen zum Einsatz.

Abb. 4–29 Freiflächenanlage Höselwang

Auch die Errichtung der erforderlichen Trafostation, Technikhaus oder -container, Zuwege, Errichtung der Zaunanlage und die evtl. Einfriedung mit Hecken, Büschen, etc. ist zu bedenken.

4.2.4 Nachgeführte Solar-Systeme

Der Konflikt zwischen ständig steigenden Rohstoffpreisen und der damit verbundenen Modulteuerung sowie der fallenden Einspeisevergütung führt zu Überlegungen, mit weniger Photovoltaikmodulen einen höheren Ertrag zu erzielen.

Die Erdbewegung und die Zusammensetzung der Atmosphäre führen dazu, dass die Leistung und die Richtung der einfallenden Sonnenstrahlen sich permanent ändern. Der Versuch, Photovoltaikanlagen ständig wirtschaftlicher zu konstruieren, navigiert zu der Nachführung von Photovoltaikanlagen.

Es besteht die Möglichkeit, Photovoltaikmodule dem Sonnenverlauf am Zenit nachzuführen. Diese Systeme werden als „Tracking Systems" bezeichnet. Verschiedene Möglichkeiten stehen zur Verfügung. Man unterscheidet zwischen 1-Achsen und 2-Achsen Nachführung, sowie zwischen sensorgesteuerten und schrittweise nachgeführten Systemen.

Aktiv nachgeführte Anlagen sind wesentlich lukrativer, wenn es um die Netzeinspeisung von Strom geht. Die elektromechanisch bewegten Tracker haben sich auf diesem Markt eindeutig durchgesetzt. Nur wenige Hersteller produzieren noch passive Tracker, die zum Beispiel in technologiearmen Regionen zum Betrieb von Wasserpumpen Verwendung finden.

Systeme mit einachsiger Nachführung folgen dem täglichen Sonnenverlauf von Osten nach Westen (Azimut) und steigern somit schon deutlich den Ertrag gegenüber starren Anlagen.

Eine Ertragserhöhung von 25 %–30 % kann bei einer einachsigen Nachführung erreicht werden.

Der korrekte Azimut-Winkel macht den größten Teil der Nachführung aus. Er deckt im Tagesverlauf einen Bereich von bis zu 270° ab. Die veränderliche Höhe der Sonne über dem Horizont (Elevation) variiert dagegen lediglich um höchstens 90°.

Abb. 4–30 Tracker (Firma Deger)

Bei einachsigen Nachführungen lässt sich die zweite Achse meist je nach Standort fest einstellen. In Mitteleuropa sind 30° Modulneigung als Voreinstellung ein bewährter Standard. Die Systeme können zur Ertragsoptimierung in den Wintermonaten von Hand nachjustiert und steiler gestellt werden.

Die Nachführung erfolgt, um den Antrieb zu schonen, in etwa 14 Schritten[10] täglich. So entsteht eine Fahrzeit von nur 16 Minuten und ein niedriger Eigenstromverbrauch ist gewährleistet. Es ist möglich, durch eine spezielle Schwenkgeometrie fast die gleiche Genauigkeit wie bei einem zweiachsigen Nachführsystem zu erreichen.

Schon 2004 wurde in Vorarlberg ein 420 kWp großer Solarpark mit einer solchen speziellen Schwenktechnik ausgestattet. Das Besondere an dem System ist die Lage der Drehachse: Sie verläuft parallel zur Erdachse.

Durch diese planetarische Nachführung verfolgt die Modulfläche im Tagesverlauf den aktuellen Sonnenstand nicht stur in einem festen Anstellwinkel, sondern auch mit dem richtigen Höhenwinkel bei Sonnenaufgang, Mittag und Sonnenuntergang.

Parkähnliche Installationen mit Trackern werden aber derzeit überwiegend mit zweiachsigen Systemen ausgeführt.

Zweiachsig nachgeführte Tracker sind in der Horizontalen und in der Vertikalen verstellbar. Eine Systemsteuerung richtet die Solaranlage ständig nach der hellsten Stelle am Himmel aus und gewährleistet so ein Maximum an Energie. Eine Pauschalbewegung wie bei astronomisch

---

[10] Die Nachführungsintervalle von Systemen sind abhängig von den Herstellern.

nachgeführten Anlagen gibt es nicht. Kritiker behaupten, dass die Systeme störanfällig gegen Schmutz, Temperaturschwankungen und Feuchtigkeit sind.

Aufgelockerte Bewölkung und rasch wechselnder Lichteinfall können unter Umständen die Sensorsteuerung überfordern, da sie berechnen muss, welcher Punkt am Himmel in nächster Zeit die größte Lichtmenge abgibt. Die Folge können hektische und unkontrollierte, letztlich aber uneffektive Trackerbewegungen sein.

Ein Lösungsansatz für dieses Problem besteht darin, Sensor-Nachführungen mit astronomischen Daten nachzubessern. Sobald sich die Sonne hinter Wolken verbirgt, schwenken die Generatorflächen in die Horizontale, bis der nächste Sonnenstrahl die Sensoren wieder aktiviert. Gleichzeitig dreht die astronomische Steuerung den Modultisch in Ost-West-Richtung weiter. So steht er bereits im richtigen Azimutwinkel, wenn die Sonne wieder zum Vorschein kommt.

Abb. 4–31 Solar Tracker Unterkonstruktion

Fehlt die astronomische Steuerung, kann es der Fall sein, dass die Generatorflächen bei aufkommenden Wolken nach Norden ausgerichtet werden, da sich dort der hellste Punkt am Himmel befindet. Für viele Laien ist dies etwas unverständlich.

Ein Windwächter kontrolliert ständig die aktuelle Windgeschwindigkeit am Modulfeld. Werden die auftretenden Windkräfte zu groß, dreht sich die Modulfläche durch Waagrechtstellung aus dem Wind, um Schäden an der Anlage zu vermeiden.

Wie hoch ist der Mehrertrag von nachgeführten Anlagen?

Es kann mit einer Steigerung von 20 %–30 % für einachsige nachgeführte und ein Mehrertrag von 30 %–40 % bei zweiachsigen nachgeführten Systemen gerechnet werden. Messungen von verschiedenen Unternehmen belegen dies. Allerdings fehlen zurzeit noch Ergebnisse von Langzeitstudien. Im nachfolgenden Diagramm wird die Leistungsverbesserung gegenüber einer starren Anlage dargestellt.

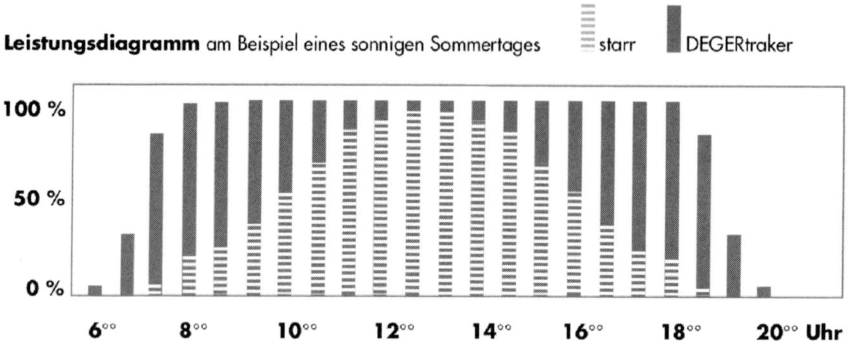

Abb. 4–32 Leistungsdiagramm (Firma Deger)

Die Unterschiede zwischen den einzelnen Trackern liegen in den Unterhaltskosten. Natürlich sind nachgeführte Systeme schon in der Anschaffung teurer als Festinstallationen.

Zudem ist aber auch noch der Eigenstromverbrauch für die Nachführung sowie die Kosten für Wartung und Reparatur zu berücksichtigen.

4.3 Blitzschutz

Eine PV-Anlage erhöht die Gefahr eines direkten Blitzeinschlages nicht. Es gibt jedoch eine Ausnahme: Wird auf einem bestehenden Flachdach eine PV-Anlage aufgeständert, stellt sie ein herausragendes Bauelement und somit eine bevorzugte Einschlagstelle dar. Liegt das Gebäude dann noch in exponierter Lage in einem gewitterreichen Gebiet, sollte eine Blitzfangeinrichtung installiert werden, die den Blitzstrom ins Erdreich ableitet. Ansonsten ist es nicht erforderlich, bei der Installation einer PV-Anlage auf ein bestehendes Gebäude hierfür eigens eine Blitzschutzanlage als äußeren Blitzschutz vorzusehen. Besteht sie jedoch bereits, muss die PV-Anlage daran angeschlossen werden.

Nicht nur direkte Blitzeinschläge verursachen Schäden, sondern auch indirekte. Schlägt ein Blitz ein, erzeugt er Wirkung, vor allem Überspannung, in einem Umkreis von etwa 1 km. Von solchen Einwirkungen ist praktisch jedes Gebäude häufiger betroffen. Maßnahmen des inneren Blitzschutzes begrenzen Schäden infolge eines direkten als auch indirekten Blitzschlags und seiner elektrischen und magnetischen Felder an Personen, elektrischen Geräten und Hauseinrichtungen aus Metall.

Zum inneren Blitzschutz zählen die Maßnahmen, die zum Schutz der Installation vor zu hohen Spannungen und Strom dienen. In Bezug auf eine Photovoltaikanlage sind dies netzseitige Überspannungen und induktive oder kapazitive Einkopplungen durch den Solargenerator oder

Leitungen. Letztere sind Wirkungen, wie sie bei indirekten Blitzschlägen auftreten können. Überspannungen durch Schalthandlungen spielen dagegen eine eher untergeordnete Rolle.

Voraussetzung für einen inneren Blitzschutz ist die Ausführung eines lückenlosen Blitzschutz-Potenzialausgleiches. Der Sinn dieses Ausgleiches besteht darin, dass im Falle eines Blitzschlages das Potenzial im gesamten Gebäude auf gleiches Niveau gehoben wird.

Der innere Blitzschutz kann aus mehreren Maßnahmen bestehen. Die Installation der Module kann mit geschirmten Leitungen erfolgen, was aber aus wirtschaftlichen und praktischen Erwägungen meist nicht praktiziert wird. Bei der Verlegung der Gleichstromhauptleitung kann hingegen festgestellt werden, dass vereinzelt geschirmte Leitungen eingesetzt werden oder eine Verlegung in Rohren mit Schirmwirkung erfolgten.

1. Beim Verlegen der Stringkabel zum Wechselrichter muss beachtet werden, dass die Plus- und Minusleiter parallel und mit kleinstem Abstand verlaufen, um die Bildung einer Leiterschleife zu vermeiden.
2. Kreuzen sich Kabel, sollte eines der Kabel durch ein Kunststoffrohr geführt werden.
3. Um elektrische Geräte im Haus zu schützen, bietet der Markt eine Vielzahl von Überspannungsadaptern an. Diese werden zwischen Netzstecker und Anschlussleitung des Gerätes geschaltet.
4. Die Entfernung der Überspannungsableiter zu den Solarmodulen sollte aus Gründen der Wirksamkeit möglichst kurz sein und max. 10 m betragen

Die Installation von Blitzschutzeinrichtungen muss durch qualifizierte Fachplaner normgerecht vorgenommen werden. (siehe Literaturhinweis).

4.3.1 Brandschutz

DIN 4102 „Brandverhalten von Baustoffen und Bauteilen“ bildet die Grundlage für die brandschutztechnischen Anforderungen an Baustoffe und Bauteile und deren Feuerwiderstandsfähigkeit. Welche Bereiche der DIN sind für den Einsatz von PV-Bauteilen in Dachflächen zu beachten?

1. Baustoffklasse

Bei der Herstellung von PV-Modulen werden unterschiedliche Werkstoffe verwendet. Aluminium, Glas, Silizium, Kunststoffe. Während der Hauptbestandteil (Glas, Aluminium, Silizium) als „nicht brennbar“, Baustoffklasse A nach DIN 4102 Teil 1 und 2, einzustufen ist, handelt es sich bei den Kunststoffen um „normal entflammbare“ Materialien (Bausstoffklasse 2). Insgesamt kann das Modul somit der Brandschutzklasse B1 (schwer entflammbar) zugeordnet werden.

2. Feuerwiderstandsklasse

Die Anforderung an die Feuerwiderstandsklasse ergibt sich aus den Vorschriften der einzelnen Bundesländer. Die Vorschriften des Landes Nordrhein-Westfalen stellen z. B. im Allgemeinen keine Anforderungen an die Feuerwiderstandsklasse von Dächern.

Ausnahmen bilden Hochhäuser, bei denen die Fußbodenhöhe (mindestens) eines Aufenthaltraumes mehr als 22 m über der Geländehöhe liegt.

Bei der Beanspruchung von innen nach außen müssen die Dächer aneinandergebauter, giebelständiger Gebäude (z. B. Reihenhäuser) feuerhemmend (F 30) ausgebildet werden. Öffnungen in der Dachfläche (z. B. Fenster) müssen einen Abstand von mindestens 2 m zur Gebäudetrennwand aufweisen. Geringere Abstände sind nur dann zulässig, wenn der Abstand zur benachbarten Dachöffnung mindestens 4 m beträgt.

Befinden sich Aufenthaltsräume in mehr als in einem Dachgeschoss, ist die Dachkonstruktion des unteren Geschosses mindesten in der Feuerwiderstandsklasse F-30 B auszuführen.

Für die Einstufung in Feuerwiderstandsklassen liegen derzeit keine Ergebnisse aus Brandtests vor.

3. Harte Bedachung

Integrierte Photovoltaikbauteile sind den harten Bedachungen nach DIN 4102 Teil 7 zuzuordnen und daher ausreichend sicher gegen Flugfeuer und strahlende Wärme zu schützen, so dass die Forderungen der Norm erfüllt werden.

4.3.2 Diebstahlschutz

Bei frei zugänglichen Anlagen sind auf Grund des hohen Sachwertes der Anlagenkomponenten Maßnahmen gegen Diebstahl erforderlich. Hier sollten Befestigungs- und Verbindungselemente so gewählt werden, dass sie sich nicht zerstörungsfrei lösen lassen.

Darüber hinaus empfiehlt es sich, eine Versicherung abzuschließen. Mit dem Versicherungspartner sind ggf. weitere Maßnahmen festzulegen, wie z. B.:

- Umwehrung
- Beleuchtung
- Reißdrahtsensoren, die mit einer Meldezentrale verbunden sind
- Bewegungsmelder
- akustische- und optische Alarmgeber

4.3.3 Wärme- und Feuchteschutz

Die Anforderungen an die Ausführung von Dach- und Wandkonstruktionen bezüglich Wärme- und Feuchteschutz sind in DIN 4108 geregelt. Werden die Konstruktionen nach Teil 3 dieser Norm ausgebildet, ist kein rechnerischer Nachweis des Tauwasserausfalles erforderlich.

Aufgrund der Tatsache, dass Module mit ausreichender Hinterlüftung wegen des besseren Wirkungsgrades installiert werden sollten, ist der Tauwasseranfall zu vernachlässigen. Zudem wird in der Regel die wasserführende Schicht nicht durchbrochen.

4.4 Anlagen-Dimensionierung

Anlagengröße:

Die Anlagengröße bestimmt sich nach der zur Verfügung stehenden Fläche, der gewünschten Leistung und den Investitionskosten.

Grundsätzlich gilt:

Gefördert werden PV-Anlagen ab einer Größe von 1 kWp (= 10 qm Generatorfläche), entsprechend der wirtschaftlich sinnvollen Mindestgröße einer netzgekoppelten PV-Anlage.

Durch diverse Anlagen-Simulationsprogramme wie z. B. die marktführenden PVSol[11], SOLinvest, usw. kann eine Anlage auf Konfiguration simuliert werden. Das Zusammenspiel von Generator, Wechselrichter und Kabel, im Zusammenhang mit der Größe der Anlage, beeinflussen das Performance Ratio. Nicht immer sind Standardpakete die bestmögliche Anlagenkonfiguration. Eine projektspezifische Auslegung ist lohnenswert.

4.5 AVA

Aufgrund der dynamischen Entwicklung der Rohstoffpreise – bedingt durch die Verknappung der Rohstoffe an den Weltmärkten – ist derzeit die Lieferung von gewünschten Standardmodulen nicht immer gewährleistet. Sind spezielle Projektanforderungen zu erfüllen, sollten daher rechtzeitig Vorbestellungen getätigt werden. Lieferzeiten von 6 - 8 Monaten sind derzeit keine Seltenheit.

Endverbraucher können sich mit dem nachfolgenden Datenblatt selbstständig ein Angebot bei einem Fachmann einholen. Da PV-Anlagen fast wartungsfrei sind, arbeiten viele Firmen auch überregional.

Für *Planer* empfiehlt es sich eine Ausschreibung zu erstellen. Ist man nicht an bestimmte Maßanforderungen gebunden, empfiehlt es sich, die Ausschreibung neutral zu gestalten.

Als Beispiel wird eine Ausschreibung einer 30 kWp hinterlüfteten Auf-Dach-Anlage auf *CORUS* KalZip® Dach dargestellt.

Zusätzlich soll die Photovoltaik-Anlage mit einer Großanzeige versehen werden, damit Passanten aus 20 m Entfernung die Stromproduktion ablesen können.

Ebenso wird die Anlage mit einer Datenlogger-Schnittstelle versehen, um alle Anlagendaten über eine Telekommunikationsleitung oder direkt über einen PC auszulesen zu können.

Auf die üblichen Vorbemerkungen einer Ausschreibung wird an dieser Stelle verzichtet.

Um die vertraglichen Rechtsgrundlagen zu regeln, sollten die Vorbemerkungen in einem vollständigen Leistungsverzeichnis in vollem Umfang aufgeführt werden.

---

[11] Mit guten Simulationsprogrammen lässt sich nicht nur das Zusammenspiel der einzelnen Komponenten simulieren sondern oftmals auch die Wirtschaftlichkeit.

Tab. 4.4 Datenblatt für Endverbraucher zur Einholung eines Angebots

Angabe zum Projekt	
Projektnr. / Standort	Name, Vorname: Anschrift: PLZ Ort: Land: Tel. / Fax:

Angabe zum Bauvorhaben	
Dachneigung 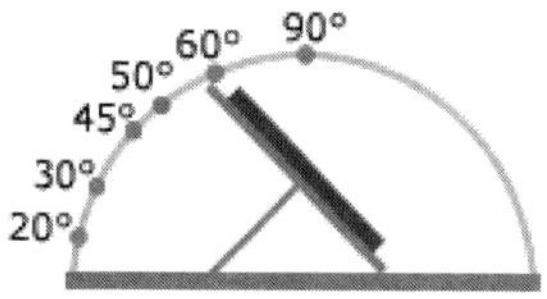	Ausrichtung 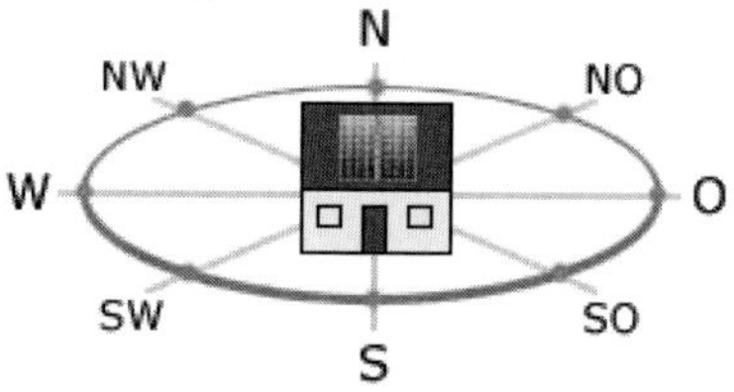

Dachneigung		**Nutzbare Dachfläche**	
Dachfläche 1 °	* Dachfläche 2 °	Dachfläche 1 l x b x m	* Dachfläche 2 l x b x m

Art der Dachdeckung	Dachfläche 1	* Dachfläche 2
Betondachstein (Pfannen)		
Wellethernit		
Trapezblech		
Schiefer		
Sonstiges		

Photovoltaik			
Entfernung Modul / Wechselrichter m	Entfernung Wechselrichter / Stromzähler m	Freier Zählerpl. Vorh. ? ja / nein	Traufhöhe (Dachrinnenhöhe) m
Notizen / Anmerkungen:			

Musterausschreibung für Planer

Leistungsverzeichnis BV: ....

Bauvorhaben	Neubau einer Photovoltaik-Anlage	
Bauherr	Hans Mustermayer	Telefon
	Musterstr. 121	Fax
	64552 Musterhausen	Email
Planung	Fa. Test	Telefon
	Teststr. 117	Fax
	44555 Teststadt	Email
Bauleitung	Kai Beispiel	Telefon
	Beispielstr. 56	Fax
	85254 Beispielhausen	Email
Ausführung	Beginn der Arbeiten	vorauss. 10. August ´08
	Ende der Arbeiten	30. August ´08
	Währung	EUR
	Mehrwertsteuer	19,0 %
Abgabe	Abgabetermin	15.06.2008 12:00 Uhr
	Abgabeort	44555 Teststadt
		Teststr. 117

Abgabesumme	**Vor der Prüfung**	**Nach der Prüfung**
Gesamtsumme Netto	.... EUR	.... EUR
MwSt. (19,0 %)	.... EUR	.... EUR
Gesamtsumme inkl. MwSt.	**............................ EUR**	**............................ EUR**

....	....
(Ort und Datum)	(Ort und Datum)
....	....
(Stempel und Unterschrift)	(Stempel und Unterschrift)
Ausschreiber – Geprüft ☐	**Anbieter – Geprüft** ☐

1 Solarmodul EP: ....€ GP: ....€

Gesamtsystem aus mehreren monokristallinen Solarzellen,
mit umlaufendem Aluminiumrahmen, mit Einbindung an den Blitzschutz der Halle,
mit zweipoligem IP 44 Stecksystem anschlussfertig vormontierter,
wasserdichter Anschlussbox auf der Rückseite,
mit integrierten Bypassdioden und PG 13,5 Durchführungen.

Leistung der Gesamtanlage:	30.000 Watt p
Erforderliche Gasamtzahl der Module:	.........................St
Leistung des Einzelmoduls:	.........................Watt p
Spannung im Mpp:	V
Stromstärke im Mpp:	.........................A
Betriebstemperatur:	- 40 °C bis + 85 °C
Schutzklasse: zwei, Zertifizierung:	nach IEC 61215
Leistungsgewährleistung:	mind. 25 Jahre
Länge x Breite x Höhe der Gesamtanlage:	.... x .... x .... m
Länge x Breite x Höhe des Einzelmodules:	.... x .... x .... mm
Höhe einschließlich Anschlussbox:	.... mm
Gewicht je Modul:	.... kg
Gewicht der Gesamtanlage:	.... kg

Angebotenes Fabrikat: ...., Typ: ....

Einschließlich kompletter Modul-Wechselrichterverkabelung .... x .... mm^2

Das Sonderkabel für PV Anwendungen kann bis zu einer Spannung von .... V DC

Als erd- und kurzschlussfeste Verbindung von Solarmodulen und netzgeführten Wechselrichtern eingesetzt.

Temperaturbereich: beweglich – 5 °C bis + 80 °C, fest – 40 °C bis + 80 °C

Nennspannung: Uo / U 0,6 / 1 kV, Prüfspannung: 3.500 V

Isolationswiderstand: min. 20M Ohm x 1kOhm

Strombelastbarkeit: nach VDE 0298,

Außenmantel: PVC selbstverlöschend, flammenwidrig Prüfart B nach VDE 04/2 Teil 804, UV-stabil

Komplette Systemhalterung und Befestigung

Verwendung von Sonderprofilen zur bohrfreien Montage der Solarmodule.

Die Längsprofile werden auf die Dachhalterung montiert.

Auf die Längsprofile werden die Querprofile ausgerichtet, welche die Solarmodule tragen.

Material: ....

Eingepresste Nuten zur Aufnahme von Muttern und Schlossschrauben

Baulänge: .... m, Breite x Höhe: .... x .... mm, Gewicht: .... kg

Das Verbinden der Längs- und der Querprofile erfolgt durch Modulhalteplatten zum Anpressen der Solarmodule auf das darunter liegende Querprofil.

Dachhalterung als Verankerung der PV-Anlage auf dem bestehenden Titanzinkblech Doppelstehfalzdach.

Sie werden ohne Bohrungen auf den Dachfalz geschraubt, ohne Beschädigung der Dachhaut.

Elektronische Komponenten

2 Wechselrichtereinheit EP: ....€ GP: ....€

Bestehend aus netzgeführten, trafolosen Wechselrichtern,
als Prozessor gesteuerter MPP Netzwechselrichtern,
mit pulsweitengesteuerter Sinuseinspeisung,
mit Kundendisplay mit LCD Anzeige aller Betriebsdaten,
mit Kommunikation über eine steckbare RS 485 Schnittstelle.

Anzahl der eingesetzten Wechselrichter: .... St

Dauerleistung des einzelnen Wechselrichters: .... Watt AC

Spitzenleistung: .... Watt DC
Maximaler Wirkungsgrad: 90 % ab 10 % Pn, 95 % ab 30 % Pn

Nachtverbrauch: kleiner 2 W, Netzeinspeisung: ab 20 Watt

Eingangsspannung: .... V DC

Ausgangsstrom: geregelter Sinus 50 Hz, Ausgangsspannung: 230 V AC +/- 10 %

Netzüberwachung: integrierte 3 Phasen Überwachung, externe ENS

Schutzklasse: IP 44, Garantie: 6 Jahre

Länge x Breite x Höhe: .... x .... x .... mm, Gewicht: .... kg

Angebotenes Fabrikat: ...., Typ: ....

3 Zusätzliche Wechselrichtereinheit EP: ....€ GP: ....€

Bestehend aus netzgeführten, trafolosen Wechselrichtern,
als Prozessor gesteuerter MPP Netzwechselrichtern,
mit pulsweitengesteuerter Sinuseinspeisung,
mit Kundendisplay mit LCD Anzeige aller Betriebsdaten,
mit Kommunikation über eine steckbare RS 485 Schnittstelle.

Anzahl der eingesetzten Wechselrichter: .... St

Dauerleistung des einzelnen Wechselrichters: .... Watt AC

Spitzenleistung: .... Watt DC

Maximaler Wirkungsgrad: 90 % ab 10 % Pn, 95 % ab 30 % Pn

Nachtverbrauch: kleiner 2 W, Netzeinspeisung: ab 20 Watt

Eingangsspannung: .... V DC

Ausgangsstrom: geregelter Sinus 50 Hz, Ausgangsspannung: 230 V AC +/- 10 %

Netzüberwachung: integrierte 3 Phasen Überwachung, externe ENS

Schutzklasse: IP 44, Garantie: 6 Jahre

Länge x Breite x Höhe: .... x .... x .... mm, Gewicht: .... kg

Angebotenes Fabrikat: ...., Typ: ....

4 Modul-Anschlussverteiler EP: ....€ GP: ....€

Der Modul-Anschlussverteiler ist für den Anschluss von bis zu .... Strängen mit je .... Solarmodulen ausgelegt. Über die Entkopplungsdioden wird sichergestellt, dass auch bei Abschattung kein Energierückfluss in einen einzelnen Modulstrang möglich ist.

Anzahl von eingesetzten Modul-Anschlussverteiler: .... St

Max. Leerlaufspannung: .... V, max. Modulstrom: .... A

Koppeldioden: (z. B. BYT 71 (1000 V / 10 A)) ....

Überspannungsschutz: integrierte Varistoren 10 kA / 20 usec

Modulanschluss: Schraubklemmen für 4 mm^2

WR-Anschluss: Schraubklemmen für 6 mm^2

Temperaturbereich: - 10 °C bis + 55 °C, Gehäuseschutzart: IP 54

Länge x Breite x Höhe: .... x .... x .... mm, Gewicht: .... kg

Angebotenes Fabrikat: ...., Typ: ....

5 Freischalter für Wechselrichter EP: ....€ GP: ....€

Gleichstrom-Freischalter, zum Unterbrechen der DC Eingangsspannung des Netzwechselrichters.

Anzahl der eingesetzten Freischalter: .... St

Max. Modulstrom: .... A, max. Leerlaufspannung: V

Eingang: 1, Ausgang: 1

Schaltertyp: 2- poliger Santon DC-Schalter

Mit 20 m Verbindungsleitung zum Anschlussverteiler konfektioniert
Mit 2 m Anschlusskabel 1 x 4 mm^2 zum Wechselrichter konfektioniert

Gehäuseschutzart: IP 54

Länge x Breite x Höhe: .... x .... x .... mm, Gewicht: .... kg

Angebotenes Fabrikat: ...., Typ: ....

6 Großanzeige dreizeilig EP: ....€ GP: ....€

1 St Großanzeige zum direkten Auslesen der Wechselrichter, Optional zum Anschluss an den Datenlogger und zum Parallelbetrieb mit der PC-Software

Die Großanzeigen erfassen sowohl die momentan erzeugte Leistung (Watt), als auch den Gesamtenergieertrag (kWh), der angeschlossenen Solarstromanlage. Des Weiteren gibt sie darüber Auskunft, wie viel CO_2 durch den Betrieb der Solarstromanlage einspart wird.

Die superhellen Leuchtdioden lassen auch ein Ablesen bei Tageslicht zu.

Das Gehäuse ist für den Außenbereich ausgelegt, Schutzart: IP 54.

Ausgabe: aktuelle Leistung in W, Gesamtertrag in kWh

Anzeigeart: Superhelle Leuchtdioden

Anzeigereihe: Ziffernzahl 5

Anzeigehöhe: 60 mm, bis 25 m gut lesbar

Anzeigelänge: 265 mm / 425 mm

Schnittstelle: RS 485 direktes Auslesen der Wechselrichter und
RS 232 Parallelbetrieb mit Datenlogger und Software

Verbrauch: max. 5 W

Länge x Breite x Höhe: .... x .... x .... mm, Gewicht: .... kg

Angebotenes Fabrikat: ...., Typ: ....

7 Datenlogger EP: ....€ GP: ....€

1 St Datenlogger zum direkten Auslesen der Wechselrichter, zum Parallelbetrieb mit der PC-Software

Datenlogger mit vierzeiligem LCD Display.
Über dieses Display können die aktuelle Leistung,
der Gesamtenergieertrag der Gesamtanlage,
sowie der einzelnen Wechselrichter abgelesen werden.
Der Datenlogger ist nicht für den Außenbereich ausgelegt.

Anzahl der Wechselrichter max. ..... St

Ausgabe: aktuelle Leistung in W

Aktuelle Leistung der einzelnen Wechselrichter

Gesamtertrag in kWh jedes Wechselrichters oder der Gesamtanlage

Anzeigeart: LCD Display, Anzeigereihe: 4, Anzeigegröße: 5 mm

Schnittstelle: RS 232 / RS 485, Parallelbetrieb mit PC, Verbrauch: ca. 1 W

Einschließlich Netzteil, Software, Übertragungskabel zum PC, Bedienungsanleitung

Länge x Breite x Höhe: .... x .... x .... mm, Gewicht: .... kg

Angebotenes Fabrikat: ...., Typ: ....

5 Wirtschaftlichkeit

5.1 Systemleistung

Die Systemleistung ist nicht nur von der Qualität der einzelnen Komponenten abhängig, sondern sie ist vielmehr ein Zusammenspiel mehrerer Faktoren.

Die Leistung der Module, des Wechselrichters, die Kombination von Wechselrichter und Modulen, die Ausrichtung, die Art der Verkabelung, die Hinterlüftung, die Reflexionen und weitere Parameter treten in Abhängigkeit untereinander.

5.1.1 Wirkungsgrad

PV-Systemwirkungsgrad ($\eta_{\text{PV-Generatorsystem}}$) und Performance Ratio (PR)[12]

$$\eta_{\text{PV-Generatorsystem}} = \text{PV-Systemwirkungsgrad}$$

$$= \frac{E_{\text{verfügbar}\ (\Delta t)}}{E_{\text{verfügbar}\ (\Delta t)}}$$

$$= \mathbf{PR\ x}\ \eta_{\text{PV-Modul S.T.C}}$$

$$\mathbf{PR} = \frac{E_{\text{verfügbar}\ (\Delta t)}}{E_{\text{verfügbar}\ (\Delta t)}\ \text{X}\ \eta_{\text{PV-Modul S.T.C.}}}$$

---

[12] Gemäß DGS – Deutsche Gesellschaft für Sonnenenergie, Berlin

Δt	=	betrachteter Zeitraum zur Bestimmung von **PR** und ηPV-Gesamtsystem
$\mathbf{E}_{Verfügbar}$ (Δt)	=	Energie [kWh], die dem Nutzer des PV-Systems in dem betrachteten Zeitraum Δt tatsächlich zur Verfügung stand.
$\mathbf{E}_{Einstrahlung}$ (Δt)	=	Sonnenenergie [kWh], die in dem betrachteten Zeitraum Δt auf die PV- Moduloberfläche eingestrahlt wurde.
$\eta_{PV\text{-}Modul\ S.T.C.}$	=	Wikungsgrad [%] des PV-Moduls unter S.T.C.
	=	$\frac{\text{Leistung [W] des PV-Moduls unter S.T.C. (=Nennleistung)}}{\text{Moduloberfläche [qm] x Globalstrahlung (=1000 W/qm)}}$
Nennleistung	=	Leistung [W] des PV-Moduls unter S.T.C.

Der Wirkungsgrad gibt an, wie viel Prozent der auf eine Solarzelle eingestrahlten Lichtleistung in elektrisch erzeugte Leistung (P) umgewandelt werden kann. Er ist damit ein Maßstab für die Effizienz der Energieumwandlung.

Es ist bei der Auswahl der Module bzw. Zellen darauf zu achten, das sich der Wirkungsgrad zwischen PV-Zellen, PV-Modulen und Laborzellen unterscheidet. Durch die Reflexionen der äußeren Modulabdeckung und der nicht vollständigen Belegung mit PV-Zellen sowie interner Leistungsverluste ist der Wirkungsgrad der Module immer niedriger als die angegebene Leistung der Zellen.

5.1.2 Nennleistung

Hiermit wird die Leistungsabgabe eines PV-Moduls bzw. eines Generators im MPP[i] in der Einheit Wp oder kWp unter S.T.C-Bedingungen bezeichnet.

Unter normalen Bedingungen wird der angegebene Wert selten erreicht. In Abhängigkeit von Zell- und Modultemperatur sowie Hinterlüftung, Jahreszeit und Außentemperatur kann er aber manchmal auch deutlich darüber liegen.

5.1.3 Performance Ratio

Der jährliche Energieertrag und damit auch der spezifische Jahresertrag von Photovoltaiksystemen ist von natürlichen Schwankungen der Sonnenscheindauer und somit der jeweiligen Einstrahlungsenergie eines Jahres bzw. eines Standortes abhängig.

Die Performance Ratio (PR) ist eine unabhängige Größe zur Bemessung der Anlagenleistung. Sie ist ein Maß für die Effizienz der Energieumwandlung eines gesamten PV-Systems. Der Wirkungsgrad der PV-Module, der Standort bzw. die Einstrahlung spielen dabei keine Rolle.

PR ist das Verhältnis der gesamten, tatsächlich erzeugten Energie eines PV-Systems zu der Energie, die auf die Moduloberfläche einstrahlt und unter S.T.C.-Bedingungen hätte erreicht werden können.

Die Performance Ration ist also ein Wert, der Aussage über die Qualität eines PV-Systems gibt. Er darf auf keinen Fall mit dem Gesamtwirkungsgrad des PV-Systems verwechselt werden.

Der Wert der Performance Ratio wird beeinflusst durch den Wirkungsgrad der Wechselrichter, die Abstimmung des Wechselrichters mit dem Generator und anderen Systemkomponenten untereinander, der Leistungswiderstände und auch Ausfälle, die durch Verschattung der PV-Module, Kabelrisse etc. verursacht werden können.

Dieser Wert erlaubt also Vergleiche von PV-Systemen mit unterschiedlichen Voraussetzungen bezüglich Modultyp, Generatorgröße, Standort und Himmelsorientierung.

5.2 Amortisationsberechnungen

Module gibt es in verschiedenen Wirkungsgraden. Ausschlaggebend für die Leistung ist der Wirkungsgrad des verwendeten Siliziums. Silizium wird künstlich aus Kristallen gezüchtet. Dadurch entsteht immer eine unterschiedliche Leistung in den Modulen, die als Leistungstoleranz angegeben ist.

Tab. 5–1 Der Wirkungsgrad der Zellen entspricht nicht dem der Module. Verschattung durch Rahmen, Kleber, Kabel, usw. reduzieren die Leistung der fertig montierten Module.

Wirkungsgrad	**Produktion (%)**	**Labor (%)**
Monokristalline Siliziumzellen	16,0 – 17,0	24,0
Polykristalline Siliziumzellen	12,0 – 13,0	17,0
Amorphe Siliziumzellen	4,0 – 5,0	10,0
Amorphe Stapelzellen	6,0 – 7,0	14,0

Bei der Auswahl der Zellen spielen letztlich die zur Verfügung stehende Fläche, der Verwendungszweck, aber vor allem der Preis die entscheidende Rolle.

Amorphe Zellen sind vom Preis-Leistungs-Verhältnis her in unseren Breiten am wirtschaftlichsten. Sie sind in der Herstellung günstig und können mit wenig Licht einen hohen Ertrag erwirtschaften. Der Nachteil liegt in dem großen Flächenbedarf im Vergleich zu monokristallinen Modulen.

Soll die Photovoltaik-Anlage als Investitionsmodell betrieben werden, so wird natürlich die größtmögliche Leistung auf der kleinstmöglichen Fläche installiert. Hier kommen monokristalline Module zu Einsatz.

Für das nachfolgende Simulationsobjekt wurden folgende Parameter angenommen:

Name der Anlage:	Testanlage
Standort:	65549 Limburg
Globalstrahlung:	1000 kWh / a / m^2
Azimut[13]:	0°
Elevationswinkel[14]:	30°
Performance Ratio[15]:	78 %
Degradation[16]:	15 %
Anlagengröße:	30 kWp
Ertrag pro kWp:	873,60 kWh / a / kWp
Anlagenertrag:	26.208 kWh / a
Inbetriebnahme der Anlage:	15. Juli 2005
Herstellungskosten[17]:	4.700,- € / kWh
Gesamtinvestition:	**141.000,- €**
Vergütung:	0,545 € / kWh
Einspeiseerlös:	**261.751,54 €** nach 20 Jahren

13 Ausrichtung Süden

14 Dachneigung

15 siehe Kapitel 5.1.3

16 Leistungsverlust der Module nach 20 Jahren

17 Alle Kostenangaben in Nettobeträgen

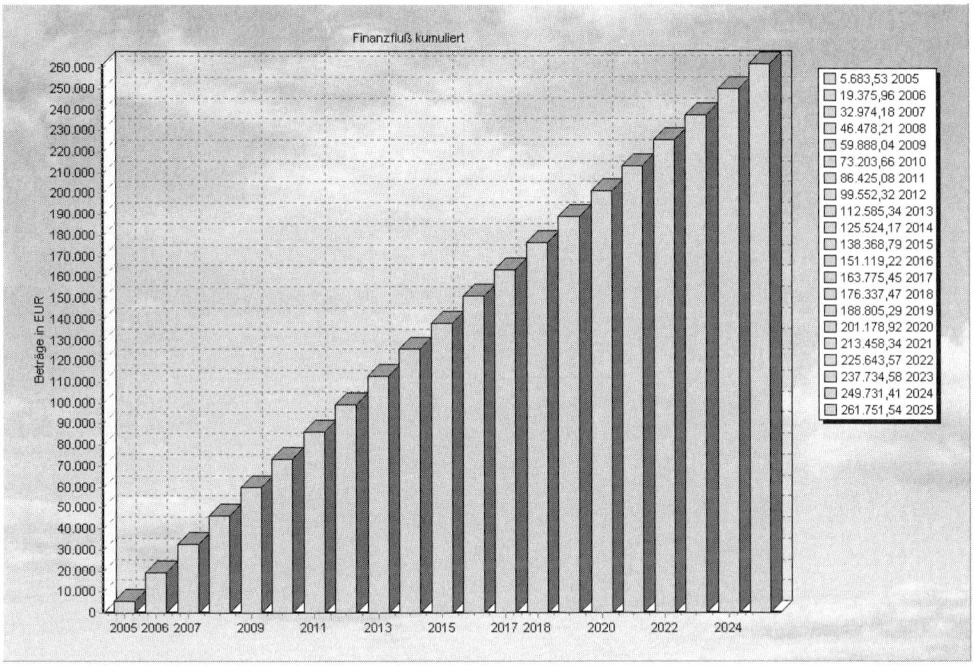

Abb. 5–1 Finanzfluss

Simulation von Einspeisevergütung und CO_2 Einsparung

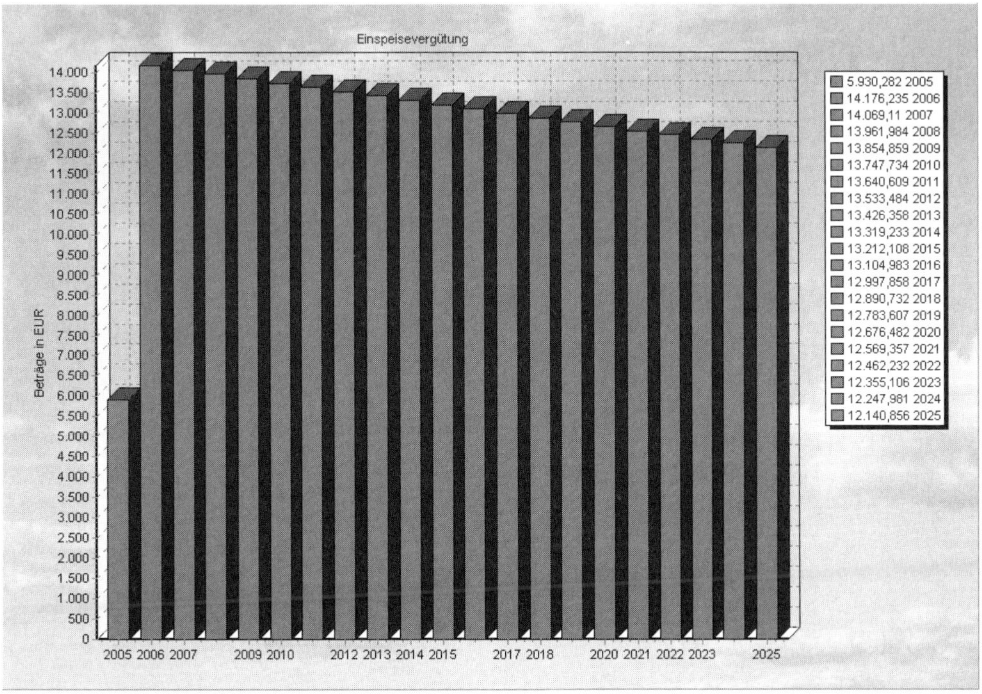

Abb. 5–2 Einspeisevergütung

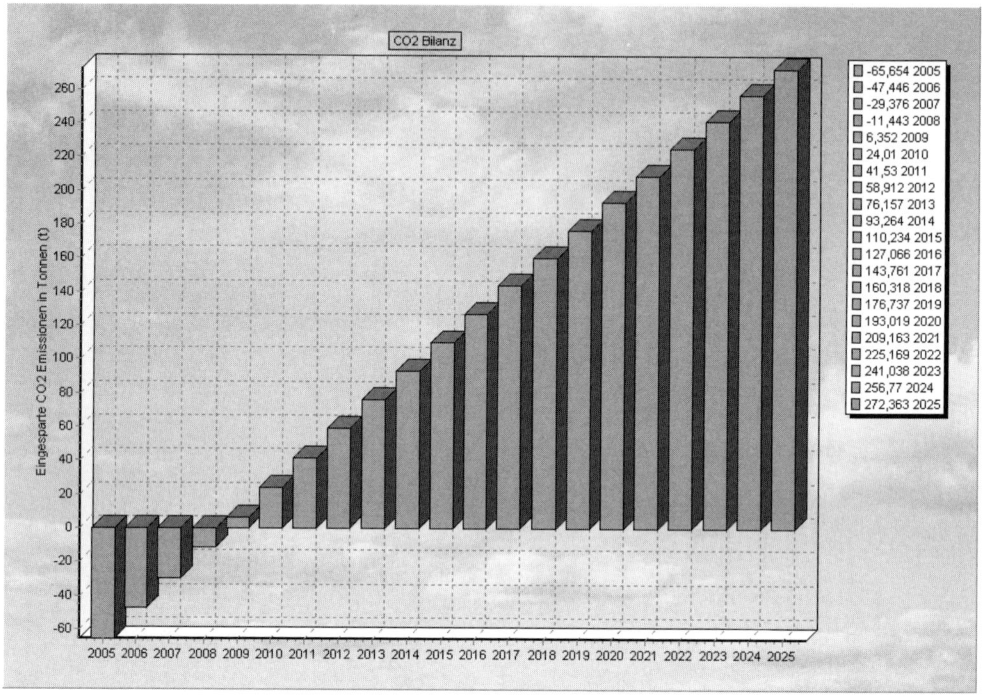

Abb. 5–3 CO_2-Bilanz

Vergleich von Photovoltaikanlagen an verschiedenen Standorten

Der Ertrag von Photovoltaikanlagen ist im erheblichen Maße, wie eingangs schon erwähnt, abhängig von der geografischen Lage. Bei der Globalstrahlung ist mit zunehmender Entfernung vom Äquator eine Reduzierung der Solarstrahlung zu beobachten.

Vergleicht man verschiedene Länder, so ist zum Beispiel in Skandinavien mit einer unter 800 kWh/qm/a, in Deutschland zwischen 1.000 und 1.100 kWh/qm/a, in Südspanien und Italien mit 1.600-2.000 kWh/qm/a und in Zentralafrika sogar mit über 2.000 kWh/qm/a starken Einstrahlung zu rechnen.

Im direkten Vergleich zu den Tropengebieten der Erde verzeichnet Deutschland eine eher mäßige Einstrahlung. Dennoch ist auch in unseren Breiten Photovoltaik eine lohnenswerte Investition.

Die Auswertung von drei verschiedenen Standorten in Deutschland zeigt die regionalen Ertragsunterschiede. Das Beispiel zeigt Hamburg, Frankfurt und München.

Beispiel 1:

Standort:	Hamburg
Leistung:	30 kWp
Azimutwinkel:	0° Süd
Modulneigung:	30°
Performance Ratio:	78 %
Modulleistungsverlust inh. 20 J.:	20 %
Einstrahlung am Projektstandort:	808 kWh / a / kWp
Anlagenertrag:	24.242 kWh / a
Ertrag[18] nach 20 Jahren:	224.780,- EUR

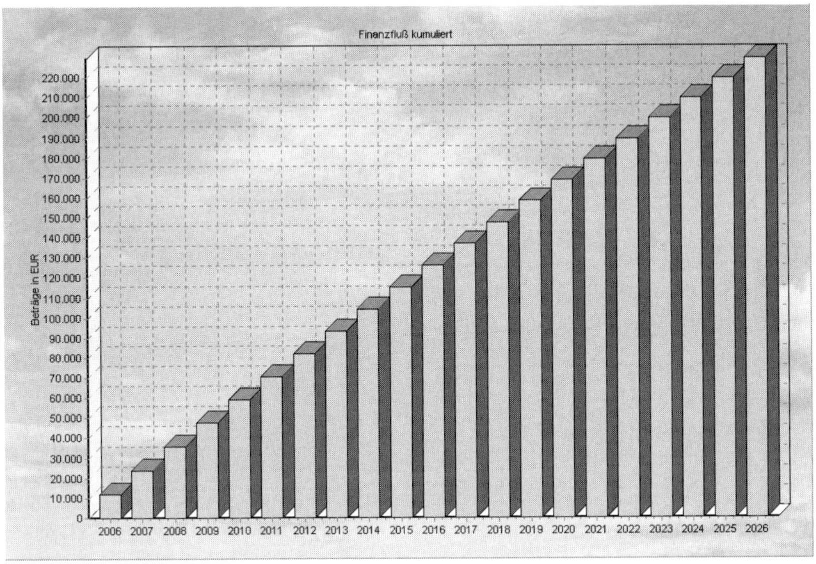

Abb. 5–4 Finanzfluss Anlage Hamburg

[18] Stand 2006

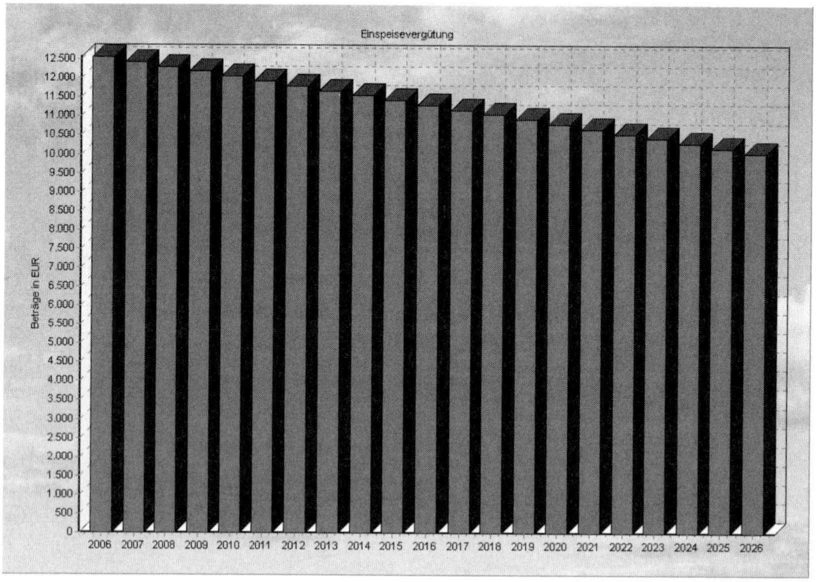

Abb. 5–5 Einspeisevergütung Anlage Hamburg

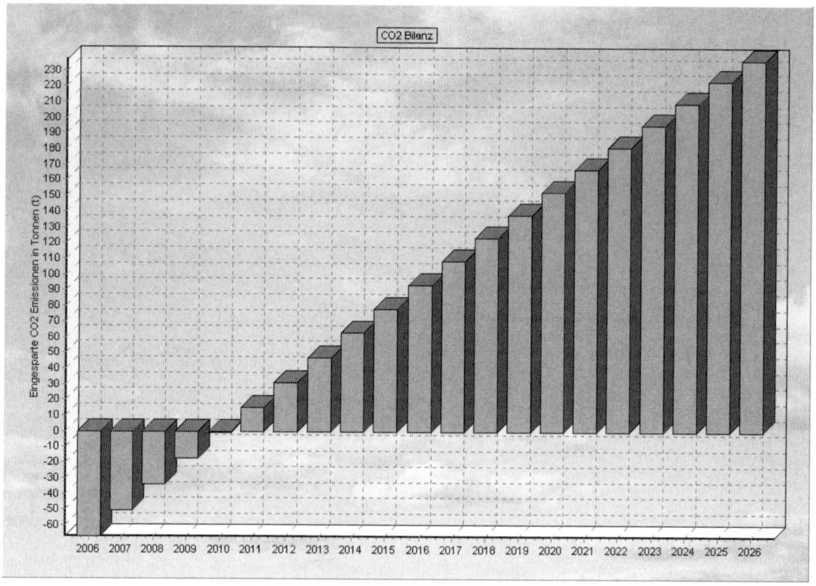

Abb. 5–6 CO_2 Bilanz Anlage Hamburg

Tab. 5–2 Ertrag Anlage Hamburg

Jahr	2006	2007	2008	2009	2010	2011	2012
Ertrag (kWh/a)	24242	23999	23757	23515	23272	23030	22787
Ertrag €	12557	12431	12306	12180	12055	11929	11804

Jahr	2013	2014	2015	2016	2017	2018	2019
Ertrag (kWh/a)	22545	22303	22060	21818	21575	21333	21090
Ertrag €	11678	11552	11427	11301	11176	11050	10925

Jahr	2020	2021	2022	2023	2024	2025	2026
Ertrag(kWh/a)	20848	20606	20363	20121	19878	19636	19393
Ertrag €	10799	10673	10548	10422	10297	10171	10046

Beispiel 2:

Standort:	Frankfurt
Leistung:	30 kWp
Azimutwinkel:	0° Süd
Modulneigung:	30°
Performance Ratio:	78 %
Modulleistungsverlust inh. 20 J.:	20 %
Einstrahlung am Projektstandort:	895 kWh / a / kWp
Anlagenertrag:	26.863 kWh / a
Ertrag[19] nach 20 Jahren:	249.080,- EUR

[19] Stand 2006

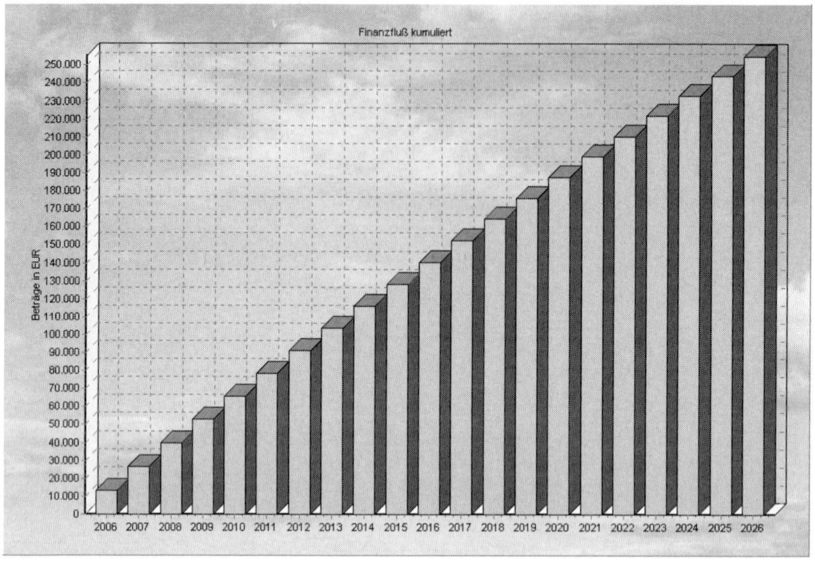

Abb. 5–7 Finanzfluss Anlage Frankfurt

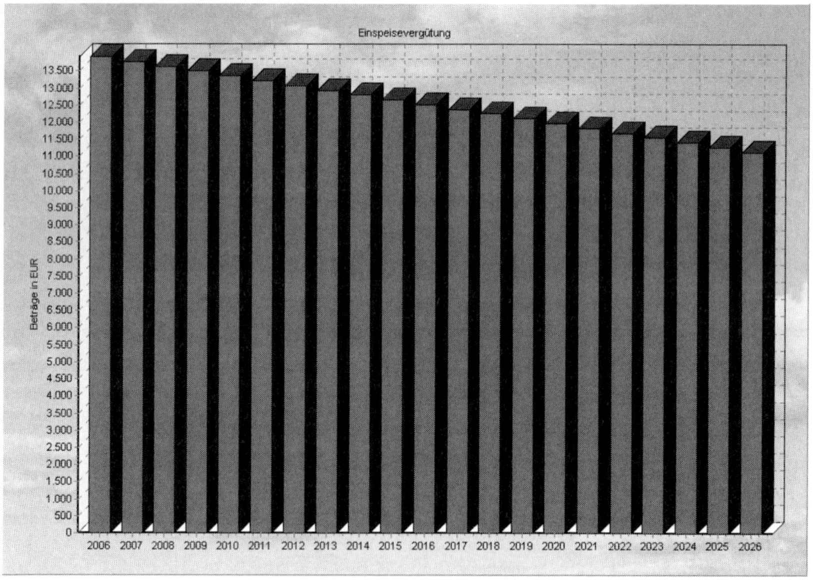

Abb. 5–8 Einspeisevergütung Anlage Frankfurt

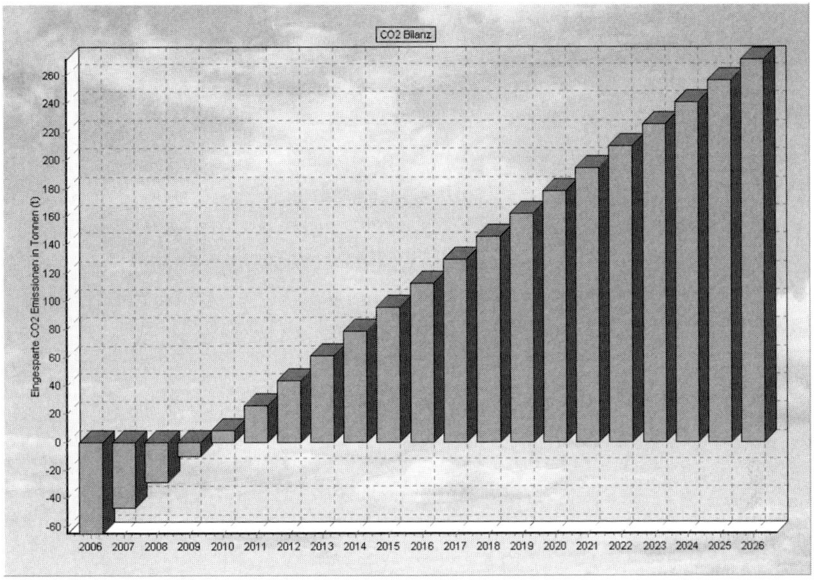

Abb. 5–9 CO_2 Bilanz Anlage Frankfurt

Tab. 5–3 Ertrag Anlage Frankfurt

Jahr	2006	2007	2008	2009	2010	2011	2012
Ertrag (kWh/a)	26863	26594	26325	26057	25788	25520	25251
Ertrag €	13915	13775	13636	13497	13358	13219	13080

Jahr	2013	2014	2015	2016	2017	2018	2019
Ertrag (kWh/a)	24982	24714	24445	24176	23908	23639	23370
Ertrag €	12941	12801	12662	12523	12384	12245	12106

Jahr	2020	2021	2022	2023	2024	2025	2026
Ertrag(kWh/a)	23102	22833	22565	22296	22027	21759	21490
Ertrag €	11967	11827	11688	11549	11410	11271	11132

Beispiel 3:

Standort:	München
Leistung:	30 kWp
Azimutwinkel:	0° Süd
Modulneigung:	30°
Performance Ratio:	78 %
Modulleistungsverlust inh. 20 J.:	20 %
Einstrahlung am Projektstandort:	980 kWh / a / kWp
Anlagenertrag:	29.405 kWh / a
Ertrag[20] nach 20 Jahren:	272.649,- EUR

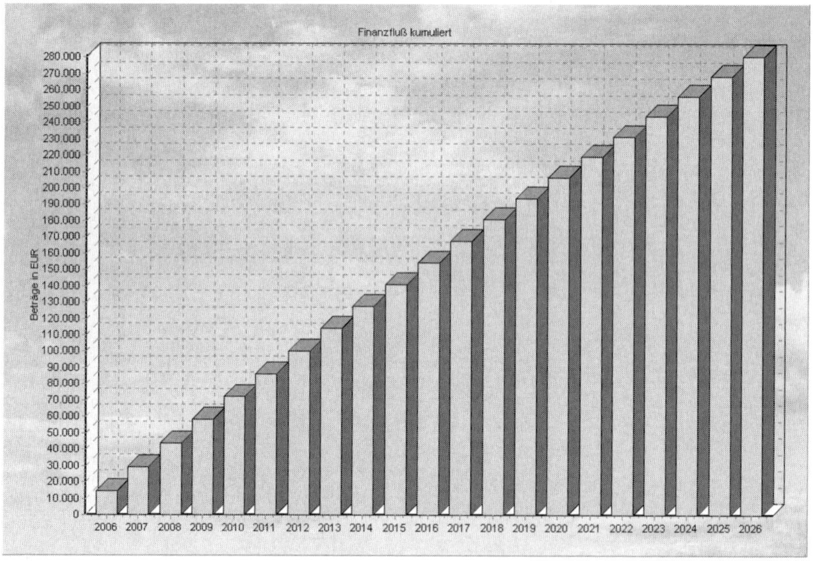

Abb. 5–10 Finanzfluss Anlage München

[20] Stand 2006

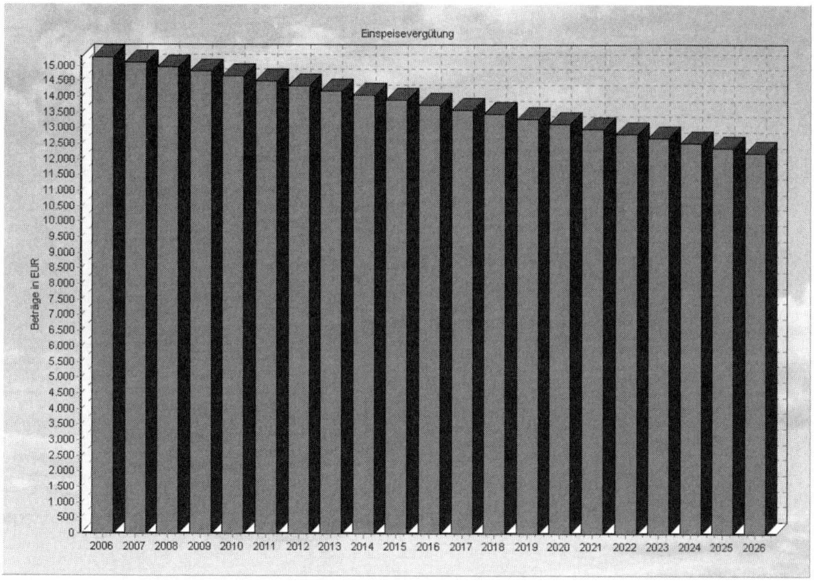

Abb. 5–11 Einspeisevergütung Anlage München

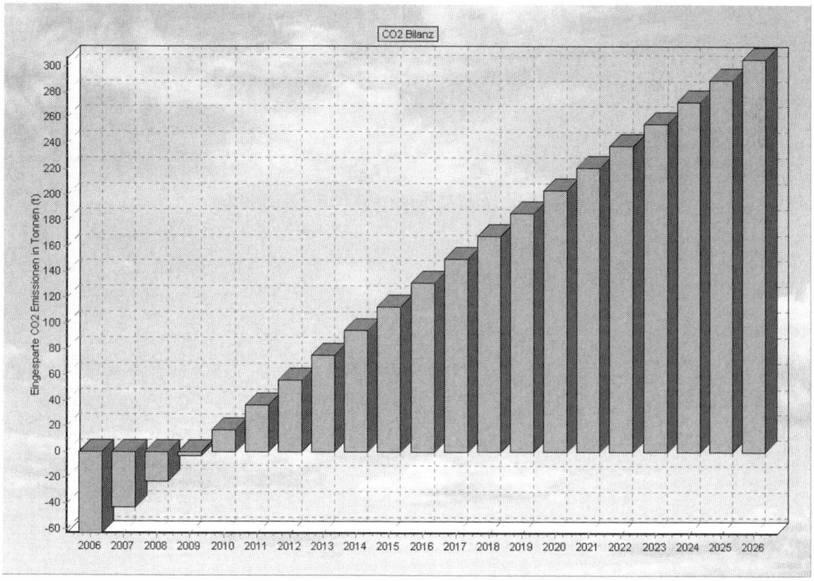

Abb. 5–12 CO_2 Bilanz Anlage München

Tab. 5–4 Ertrag Anlage München

Jahr	2006	2007	2008	2009	2010	2011	2012
Ertrag (kWh/a)	29405	29111	28817	28522	28228	27934	27640
Ertrag €	15231	15079	14927	14774	14622	14470	14317

Jahr	2013	2014	2015	2016	2017	2018	2019
Ertrag (kWh/a)	27346	27052	26758	26464	26170	25876	25582
Ertrag €	14165	14013	13860	13708	13556	13404	13251

Jahr	2020	2021	2022	2023	2024	2025	2026
Ertrag(kWh/a)	25288	24994	24700	24406	24112	23818	23524
Ertrag €	13099	12947	12794	12642	12490	12337	12185

5.3 Checkliste zur Errichtung einer Photovoltaikanlage

1. Ermittlung der zur Verfügung stehenden Fläche.
2. Eventuellen Schattenwurf von aufgeständerten Modulen, beziehungsweise Fremdschatten von zum Beispiel Leitungen, Bäumen, Häusern beachten.
3. Hauptstromanschluss des Objektes prüfen.
4. Mögliche Leistung berechnen.
5. Auswahl von geeigneten Wechselrichtern.
6. Anlagenkonfiguration in einer Simulation berechnen.
7. Eventuellen Blitzschutz planen.
8. Statik des Daches beziehungsweise der Fassade überprüfen.
9. Netzverträglichkeit bei dem örtlichen Energieversorger prüfen lassen.
10. Erfordernisse einer Baugenehmigung kontrollieren.
11. Finanzierung klären.
12. Eventuelle Zuschüsse müssen in der Regel vor Baubeginn beantragt werden.
13. Montage der Unterkonstruktion.
14. Montage von Modulen und Elektrobauteilen.
15. Messung von Strings und Wandler.
16. Einweisung des Bauherrn.
17. Übergabe an den Energieversorger.
18. Abnahme der Anlage.
19. Auswertung des Anlagenertrags.

6 Schlussbetrachtung und Ausblick

Photovoltaik ist eine bewährte Möglichkeit, aus Sonnenlicht Strom zu gewinnen. Die industrielle Fertigung kann derzeit auf über 40 Jahre Erfahrung zurückblicken.

Die Industrienationen sind bestrebt, den weltweiten Klimaschutz zu erhalten bzw. diesen zu verbessern. Ein wesentlicher Bestandteil dieser Maßnahme ist die Vermeidung von Emmisionen, herbeigeführt durch die Verwendung regenerativer Energien.

Die Entwicklung von leistungsfähigen PV–Zellen und Wechselrichtern erfordert ein hoch spezialisiertes Know-how. Hochtechnologieländer wie Japan, USA oder Deutschland sehen in der eigenen Nutzung, aber auch im Export mittel- und langfristig einen sehr großen Markt der Photovoltaik. In jüngster Zeit stellt sich die PV-Industrie nach anfänglicher Zurückhaltung wegen Investitionsunsicherheiten Mitte der 90er Jahre auf diese veränderten Rahmenbedingungen ein. Der Markt boomt.

Nach Abschluss der Untersuchung verschiedener Projekte und Auswertung der Ergebnisse lässt sich feststellen, dass die Anwendung und Integration von Photovoltaik in der Klimazone Europa und den entsprechenden Breitengraden (55°N – 47°N / Wales, England und Basel, Schweiz) immer öfter zum Einsatz kommen, jedoch derzeit noch nicht überall ubiquitär vertreten sind. Das Süd-Nord-Gefälle der Strahlungsintensivität ist dabei irrelevant.

In den meisten der betrachteten Projekten ist die Photovoltaik ein gestaltprägender Faktor im Gesamtkonzept bzw. bei Teilaspekten. Neue Technologien lassen immer mehr und immer weitere gestalterische Möglichkeiten mit Photovoltaikbauteilen zu. Leider war in der Vergangenheit immer noch der Preis das entscheidende Kriterium für den Einsatz von Photovoltaik.

Mit der Novellierung des Erneuerbare-Energien-Gesetzes im April 2004 sind die Schranken für die Installation von Aufdach- und einfachen Fassadenanlagen endgültig gefallen. Investoren können kostendeckend bzw. gewinnbringend PV-Anlagen in die Gebäude einplanen.

Photovoltaik-Anlagen sind bei guter Ausrichtung wirtschaftlich und haben eine extrem lange Lebensdauer bei minimalem Wartungsbedarf. Mit steigenden Energiepreisen wird der Einsatz von Solar-Anlagen unaufhaltsam kommen. Das nahtlose Zusammenspiel verschiedener Gewerke ist für die Erstellung regenerativer Energieanlagen oftmals von entscheidender Bedeutung. Deshalb ist der richtige Umgang mit Solartechnik sowie ein erforderliches Basiswissen unabdingbar. Planer sollten zukünftig solare Konzepte in ihre Entwürfe integrieren und dabei gestalterisch anspruchsvolle Lösungen realisieren.

7 Anhang

7.1 Musterverträge

Um die Abwicklung eines Bauvorhabens zu erleichtern, sind nachfolgend relevante Vertragsformen aufgeführt. Gerade bei dem Stromeinspeisungsvertrag, der zwischen Anlagenbetreiber und Energieversorger geschlossen wird, werden Bauherren oftmals benachteiligt, wenn Vertragsvordrucke des Energieversorgers verwendet werden.

7.1.1 Stromeinspeisungsvertrag

Erläuterung zum Vertrag

Nachfolgend einige Erläuterungen zu den Begriffsdefinitionen der einzelnen Paragrafen.

Zur Stromerzeugungsanlage:

Die wesentlichen Parameter der Stromerzeugungsanlage (zum Beispiel Standort, Nennleistung) werden üblicherweise vertraglich festgehalten. Es sollte darauf geachtet werden, dass die Angaben korrekt wiedergegeben und die Leistung der Photovoltaikanlage als „Nennleistung“ oder „Peakleistung“, nicht jedoch als „maximale Erzeugungsleistung“ bezeichnet wird, denn diese kann die Peakleistung unter günstigen Einstrahlungs- und Temperaturverhältnissen übertreffen.

Zu § 1 Vertragsgegenstand

Als Gegenstand des Vertrages wird üblicherweise die Vergütung von Strom aus Eigenerzeugungsanlagen genannt. Damit ist geklärt, dass Strom aus anderen Energiequellen vom Anlagenbetreiber nicht eingespeist werden darf. Der Netzbetreiber kann dies auf eigene Kosten prüfen lassen.

Zu § 2 Einspeisung

Ziffer 2.2 des Mustervertrages legt den Einspeisungs- und Anschlusspunkt für die Einspeisung des Stroms und die Eigentumsgrenze fest. Das ist insbesondere wichtig für die Frage, wer welche Kosten für den Anschluss der Anlage entsprechend Paragraf 10 EEG zu tragen hat. Bei komplizierten Anlagen empfiehlt es sich zudem, dem Vertrag ein Schaltbild beizufügen.

Angaben zur Art und Weise der eingespeisten Energie (Ziffer 2.3) sind ebenfalls üblich. Es sollte überprüft werden, ob die technischen Angaben zur Anlage korrekt angegeben sind.

Zu § 3 Betrieb der Stromerzeugungsanlage

Der Netzbetreiber darf Vereinbarungen über Regelungen verlangen, die zur Erfüllung seiner gesetzlichen Pflichten nötig sind. Dazu gehört nicht nur der Anschluss, sondern auch der störungsfreie Betrieb der Anlage. Deswegen kann er Regelungen für den Parallelbetrieb der Eigenerzeugungsanlage mit dem Netz einfordern. Hierfür wurde vom Verband für Elektrizitätswirtschaft (VDEW) die „Richtlinie für den Parallelbetrieb von Erzeugungsanlagen mit dem Niederspannungsnetz der Elektrizitätsversorgungsunternehmen (EVU)“ entwickelt. Diese Richtlinie hat jedoch keine Gesetzeskraft. Der Netzbetreiber wird auch verlangen können, dass er über beabsichtigte Änderungen der Anlage informiert wird, wenn sie – wie beispielsweise bei einer Leistungserhöhung – Einfluss auf die Ausnahme der Energie in das Netz haben.

Ein Rat: Der Anlagenbetreiber sollte mit seinem Installateur klären, ob die im Vertrag verlangten technischen Bedingungen eingehalten werden. Dabei sollte beachtet werden, das Netzbetreiber vielfach darauf bestehen, das die Vorschriften „in der jeweils gültigen Fassung“ einzuhalten sind. Hält der Anlagenbetreiber die technischen Bedingungen ein, macht er nichts falsch und ist bei einem möglichen Rechtsstreit auf der sicheren Seite. Ist die Norm oder Richtlinie jedoch nicht Bestandteil eines Gesetzes, kann der Betreiber auf andere Lösungen zurückgreifen, muss jedoch im Zweifelsfall nachweisen, dass es sich hierbei ebenfalls um anerkannte Regeln der Technik handelt. Eingehalten werden müssen die DIN- und VDE-Normen. Die DIN-Normen gelten für mechanische Teile der Anlage, die DIN-VDE-Normen für die elektrischen.

Vielfach kommt es vor, dass Netzbetreiber weitere Punkte geklärt haben möchten. Hier ist immer zu prüfen, ob diese Punkte für die konkrete Anlagengestaltung erforderlich sind. Sind sie es nicht, sollten die entsprechenden Klauseln gestrichen werden. Das gilt insbesondere für die Verpflichtung des Anlagenbetreibers, nur vom Netzbetreiber zertifizierte Elektriker mit der Installation beauftragen zu dürfen.

Zu § 4 Messung

Einige Netzbetreiber stehen auf dem Standpunkt, die Installation von Messeinrichtungen falle grundsätzlich in ihren Zuständigkeitsbereich. Das ist so nicht richtig. Der Anlagenbetreiber ist durchaus zum Einbau eines eigenen Zählers berechtigt und sollte dieses Recht auch wahrnehmen, wenn der Netzbetreiber in diesem Punkt keine vernünftigen Bedingungen anbietet.

Zu § 5 Vergütung und Abrechnung

Die Höhe der Einspeisevergütung ergibt sich aus dem EEG. Eine exakte Definition im Vertrag kann aber möglichen Missverständnissen vorbeugen. Auch der Hinweis auf die Umsatzsteuer (Ziffer 5.2) sollte nicht fehlen.

Die Ablesung der Messeinrichtung sollte durch den Anlagenbetreiber erfolgen. Führt nämlich der Netzbetreiber die Ablesung durch, fallen hierfür in der Regel Kosten an. Sollte der Netzbetreiber Zweifel an der Richtigkeit der übermittelten Daten haben, ist er entsprechend Ziffer 3.3 des Mustervertrages berechtigt, dies auf eigene Kosten zu überprüfen.

Die Zahlung der Einspeisevergütung (Ziffer 5.4) ist in eigenen Verträgen nur jährlich vorgesehen. Zur Vermeidung der dadurch entstehenden Zinsverluste sollte eine kürzere Abrechnungsperiode, zumindest aber eine vierteljährliche Abschlagszahlung vorgesehen werden. Hierauf hat der Anlagenbetreiber einen Anspruch, da er seine Leistung bereits erbracht hat.

Ist unter dem Punkt „Vergütung“ noch eine Vorbehaltsklausel eingefügt, kann diese spätestens seit dem 22. Mai 2002 beanstandet werden. Seinerzeit kam nach einem Verfahren vor dem Europäischen Gerichtshof (EuGH) auch die EU-Kommission zu dem Schluss, dass die deutschen Gesetze zur Förderung der Stromgewinnung aus erneuerbaren Energiequellen mit europäischem Recht vereinbar sind. Da zudem der Bundesgerichtshof im Juni 2003 in drei Fällen (Az. VIII ZR 160/02, 161/02 und 322/03) entschieden hat, dass das EEG verfassungsgemäß ist und da weiterhin das EEG dem Bundesverfassungsgerichts derzeit nicht zu Überprüfung vorliegt (Stand Februar 2004), ist eine eventuelle Unwirksamkeit des Gesetzes nicht in Sicht. Es handelt sich somit um ein übliches Gesetz, das von jedem respektiert werden muss.

Vielfach wird nunmehr eine Reglung für einen möglichen Wegfall des EEG in der Zukunft getroffen. In solchen Fällen soll dann die neue, vom Netzbetreiber zu zahlende Vergütung, durch diesen einseitig festgelegt werden können. Das ist zu beanstanden. Besser ist es, eine Reglung aufzunehmen, wonach die Parteien sich einvernehmlich über die neue Höhe der Vergütung zu einigen haben.

Zu § 6 Haftung

Ist im Vertrag keine Haftungsbegrenzung vorgesehen, sollte eine Begrenzung für den Anlagenbetreiber wie auch für den Netzbetreiber gemäß Paragraf 6,7 AVBEltV vereinbart werden. Wenn es auch nicht wahrscheinlich ist, so ist doch auch nicht auszuschließen, dass durch die Photovoltaikanlage eine Störung des Betriebes des Energieversorgers eintreten kann – und das könnte teuer werden. Für diesen Fall bietet Paragraf 6 eine Haftungsbegrenzung und eine auf ein Jahr verkürzte Verjährungsfrist.

Zu § 7 Vertragsbeginn, Dauer und Kündigung

Das Fehlen einer Laufzeitfestlegung auf 20 Jahre in manchen Verträgen ist kein so großer Nachteil, wie oft vermutet wird. Sollte das EEG wesentlich geändert werden, wird der Netzbetreiber ohnehin aus wichtigem Grund kündigen können.

Ein darüber hinausgehendes Recht des Netzbetreibers zur ordentlichen Kündigung ist jedoch zumindest unschön. Zwar gilt, wenn der Vertrag vom Netzbetreiber gekündigt wird, automatisch wieder das EEG. Bei einer potenziell kurzen Laufzeit lohnt jedoch die Mühe eines Vertragsabschlusses kaum. Deshalb sollte in Übereinstimmung mit § 9 Abs. 1 EEG eine Laufzeit von 20 Jahren (plus dem Jahr der Inbetriebnahme) vereinbart werden. Zudem sollte vorgesehen werden, dass der Netzbetreiber den Vertrag nur aus wichtigem Grund kündigen kann. Für den Anlagenbetreiber ist eine einmonatige Kündigungsfrist angemessen.

Zu § 8 Schlussbestimmung

Eine salvatorische Klausel (Ziffer 8.1) findet sich in nahezu allen Verträgen. Hintergrund ist Paragraf 139 BGB, der besagt: Wenn ein Teil eines Rechtsgeschäftes nichtig ist, wird damit im Zweifel das ganze Rechtsgeschäft unwirksam. Um nicht sämtliche Vereinbarungen im Vertrag zu gefährden, wird eine entsprechende Regelung getroffen.

Unter dem Punkt „Schlussbestimmungen“ werden zudem oftmals Reglungen über einen Vertragsübergang, Datenschutz und zur Schriftform des Vertrages sowie seiner Zusätze getroffen. Zu beachten ist: Wenn die Schriftform gefordert wird, müssen alle Zusätze zum Vertrag auch schriftlich abgefasst sein, denn mündliche Zusagen haben im Zweifel keine Gültigkeit.

Als Gerichtsstand wird häufig der Sitz des Netzbetreibers vereinbart. Das muss nicht akzeptiert werden. Genauso gut könnte dies der Wohnort des Anlagenbetreibers sein. Falls keine Einigung erzielt wird, sollte der Gerichtsstand nicht im Vertrag festgehalten werden. Es gilt dann der allgemeine Grundsatz, dass Gerichtsstand der jeweilige Sitz der anderen Partei ist.

Zu § 9 Verzeichnis der Anlagen

Anlagen ist als Vertragsbestandteilen die gleiche Aufmerksamkeit zu widmen, wie dem Vertragstext selbst.

Die AVBEltV, die TAB und die VDEW-Richtlinie sind in aller Regel beim Netzbetreiber erhältlich.

Stromeinspeisungsvertrag

Zwischen ....

Straße, Nr.: ....

PLZ, Ort: ....

Tel.: ....

Fax: ....

Nachfolgend „Netzbetreiber" genannt

Und ....

Straße, Nr.: ....

PLZ, Ort: ....

Tel.: ....

Fax: ....

Nachfolgend „Anlagenbetreiber" genannt

Wird für die Stromerzeugungsanlage

Straße, Nr.: ....

PLZ, Ort: ....

Wechselrichternennleistung (AC):..kW

Die Photovoltaikanlage ist *(Zutreffendes bitte ankreuzen)*

☐ ausschließlich an oder auf einem Gebäude oder einer Lärmschutzwand angebracht:

☐ wesentlicher Bestandteil eines Gebäudes (Fassadenanlage);

☐ auf einer baulichen Anlage angebracht, die nicht Gebäude oder Lärmschutzwand ist;

☐ auf einer Freifläche angebracht.

Folgender Einspeisungsvertrag wird geschlossen:

§ 1 Vertragsgegenstand

(1) Dieser Vertrag regelt die Abnahme und Vergütung von Strom, den der Anlagenbetreiber in seiner Stromerzeugungsanlage gemäß dem Gesetz für den Vorrang Erneuerbarer Energien (Erneuerbare-Energien-Gesetz – nachfolgend „EEG" genannt) vom 29. März 2000 (BGBI. Teil I, 2000, S.3074 f.), erzeugt und in das Netz des Netzbetreibers einspeist.

(2) Dieser Vertrag regelt nicht den Netzanschluss, die Nutzung und den Bezug von Eigenbedarfsstrom.

§ 2 Einspeisung

(1) Der Anlagenbetreiber ist berechtigt, die gesamte elektrische Energie, die in seiner Stromerzeugungsanlage erzeugt wird, in das Netz des Netzbetreibers einzuspeisen.

(2) Als Einspeisungs- und Anschlusspunkt für die Einspeisung der elektrischen Energie aus der Stromerzeugungsanlage und als Eigentumsgrenzen gelten vorbehaltlich § 4 Absatz 3 die einspeiseseitigen Klemmen der Hausanschlusssicherungen.

(3) Die Einspeisung der elektrischen Energie erfolgt entweder in Form von Drehstrom mit einer Spannung von etwa 400 Volt oder in Form von Wechselstrom mit einer Spannung von etwa 230 Volt. Die Nennfrequenz beträgt an der Übergabestelle etwa 50 Hertz bei einem cos phi von mindestens 0,9.

§ 3 Betrieb der Stromerzeugungsanlage

(1) Planung, Errichtung, Anschluss, Betrieb, Installation und Änderung der Stromerzeugungsanlage des Anlagenbetreibers müssen gemäß der gesetzlichen Bestimmungen sowie den anerkannten Regeln der Technik durchgeführt werden. Hierbei sind insbesondere einzuhalten: Die einschlägigen VDE-Bestimmungen (DIN-VDE-Normen), die Technischen Anschlussbedingungen des Netzbetreibers (TAB), die „Richtlinie für Anschluss und Parallelbetrieb von Eigenerzeugungsanlagen am Niederspannungsnetz", herausgegeben vom VDEW. Alternativ zu der VDEW-Richtline darf auch die VDE 0126 herangezogen werden, um eine sichere Trennung der Anlage vom Netz im Falle einer Störung zu gewährleisten. Die TAB sowie die v.g. Richtlinie sind diesem Vertrag als Anlage 2 und 3 beigefügt.

(2) Der Anlagenbetreiber wird bei beabsichtigter Änderung oder Erweiterungen seiner Stromerzeugungsanlage den Netzbetreiber hierüber vorher unterrichten und, soweit diese Maßnahmen Auswirkung auf den Parallelbetrieb haben können, vor deren Durchführung die Zustimmung des Netzbetreibers einholen. Die Zustimmung muss erteilt werden, sofern keine schwerwiegenden technischen Bedenken gegen das Vorhaben bestehen.

(3) Der Netzbetreiber ist berechtigt, in Anwesenheit des Anlagenbetreibers oder seines Beauftragen nach vorheriger Anmeldung auf eigene Kosten die Einhaltung der in diesem Vertrag niedergelegten Einspeisebedingungen zu überprüfen sowie gegebenenfalls die Ablesung der Messeinrichtung vorzunehmen.

§ 4 Messung

(1) Die Messeinrichtungen werden
Vom Netzbetreiber/vom Anlagenbetreiber
(nicht Zutreffendes bitte streichen)
gestellt, eingebaut sowie unterhalten und müssen den eichrechtlichen Vorschriften entsprechen. Beim Einbau der Messeinrichtung durch den Netzbetreiber: Der Anlagenbetreiber verpflichtet sich, für die Nutzung der Messeinrichtung ein Entgelt in Höhe von jährlich .... Euro zu zahlen.
(falls nicht zutreffend, bitte streichen)

(2) Der Anlagenbetreiber stellt einen den Anforderungen des Netzbetreibers entsprechenden Raum bzw. Platz zur Unterbringung der Messeinrichtung in Abstimmung mit dem Netzbetreiber auf seine Kosten bereit.

(3) Ausnahmsweise, d.h., wenn der Anschluss der Stromerzeugungsanlage an den Hausanschlussklemmen mit unverhältnismäßigen Kosten verbunden wäre (Arealnetz), kann die Stromerzeugungsanlage auch an das Kundennetz angeschlossen werden. In diesem Fall ergibt sich der Eigenverbrauch des Anlagenbetreibers aus der Addition der Zählerstände von Einspeise- und Hausstromzähler.

(4) Jeder Vertragspartner kann jederzeit die Nachprüfung der Messeinrichtung durch eine Eichbehörde oder eine staatlich anerkannte Prüfstelle im Sinne des § 6 Abs. 2 der

Eichordnung verlangen. Die Kosten der Prüfung fallen dem Eigentümer der Messeinrichtung zur Last, falls die Abweichung die gesetzliche Verkehrsfehlergrenzen überschreitet, sonst dem Antragsteller.

§ 5 Vergütung und Abrechnung

(1) Der Netzbetreiber vergütet dem Anlagenbetreiber für die an der Übergabestelle gelieferte Energie das gemäß EEG zu zahlende Mindestentgelt. Dies beträgt für die eingangs benannte Stromerzeugungsanlage des Anlagebetreibers nach § 8 EEG derzeit .... Cent je kWh.

(2) Der Netzbetreiber zahlt dem Anlagenbetreiber zusätzlich zu der vorgenannten Vergütung die hierauf entfallende Umsatzsteuer, wenn der Anlagenbetreiber dem Netzbetreiber schriftlich erklärt, dass er umsatzsteuerpflichtig ist.

(3) Der Anlagenbetreiber erfasst die Zählerstände der Messeinrichtung. Abrechnungsjahr der Einspeisevergütung ist das Kalenderjahr. Die endgültige Jahresabrechnung erfolgt jeweils zum Ende jedes Kalenderjahres. Die Jahresabrechnung hat der Anlagenbetreiber dem Netzbetreiber bis zum 10. Februar des Folgejahres zu übersenden / Die Jahresabrechnung hat der Netzbetreiber dem Anlagenbetreiber bis zum 10. Februar des Folgejahres zu übersenden. *(nicht Zutreffendes bitte streichen).*

(4) Auf den zu erwartenden Betrag aus der Jahresabrechnung leistet der Netzbetreiber monatlich gleiche Abschlagzahlungen, die so bemessen werden, dass möglichst geringe Ausgleichzahlungen mit der Jahresabrechnung fällig werden. Zu hohe oder zu niedrige Abschlagzahlungen werden durch die Jahresabrechnung ausgeglichen.

§ 6 Haftung

Beide Vertragspartner haften untereinander entsprechend den §§ 6, 7 AVBEltV (Allgemeine Bedingungen für die Elektrizitätsversorgung von Tarifkunden) oder einer entsprechenden Nachfolgeregelung.

§ 7 Vertragsbeginn, -dauer und -kündigung

(1) Der Vertrag tritt mit Unterzeichnung durch beide Vertragsparteien in Kraft und hat eine Laufzeit von 20 Jahren zuzüglich des Jahres der Inbetriebnahme. Vertragsende ist also der............................

(2) Der Anlagenbetreiber ist berechtigt, den Vertrag mit einer Frist von einem Monat zum Ende eines Kalendermonats zu kündigen. Das Recht zur außerordentlichen Kündigung aus wichtigem Grund bleibt für beide Vertragsparteien unberührt.

(3) Die Kündigung hat schriftlich zu erfolgen.

§ 8 Schlussbestimmung

(1) Sollten einzelne Bestimmungen dieses Vertrags unwirksam oder aus Rechtsgründen undurchführbar sein oder werden, ohne dass dadurch die Erreichung von Ziel und Zweck des gesamten Vertrages unmöglich oder deren Aufrechterhaltung für eine Vertragspartei unzumutbar wird, so wird dadurch die Wirksamkeit der übrigen Bestimmungen nicht berührt. In diesem Falle ist die unwirksame oder undurchführbare Bestimmung durch eine andere Reglung zu ersetzen, die dem mit dem unwirksamen oder undurchführbaren Bestimmungen angestrebten Ziel und Zweck dient und die

wirtschaftliche Zielsetzung des Vertrags erfüllt sowie den Interessen der Vertragsparteien gerecht wird. Gleiches gilt für den Fall, dass eine wesentliche Regelung versehentlich nicht getroffen wurde.

(2) Die Aufhebung, Änderung oder Ergänzung dieses Vertrages bedarf der Schriftform.

(3) Jeder Vertragspartner ist mit Zustimmung des anderen Vertragspartners berechtigt, die Rechte und Pflichten aus diesem Vertrag auf einen Rechtsnachfolger zu übertragen. Die Zustimmung ist zu erteilen, wenn nicht gewichtige Gründe gegen den Rechtsnachfolger sprechen. Dies gilt nicht für Rechtsnachfolger i. S. d. §§ 15 ff. des Aktiengesetzes. In diesem Fall ist eine Zustimmung nicht erforderlich.

(4) Die für die Abwicklung des Vertragsverhältnisses erforderlichen Daten werden vom Netzbetreiber unter Einhaltung des Bundesdatenschutzgesetzes verarbeitet und genutzt. Soweit erforderlich, werden Daten an die an der Abwicklung des Vertrages beteiligten Unternehmen weitergegeben. Dies sind insbesondere die für den Belastungsausgleich gemäß § 3 Abs. 2 EEG erforderlichen Daten und der dem Netzbetreiber vorgelagerte Übertragungsnetzbetreiber als Empfänger der Daten.

(5) Dieser Vertrag wurde in zwei Ausfertigungen erstellt. Nach Unterzeichnung durch beide Parteien erhält jede Partei eine Originalausfertigung.

§ 9 Verzeichnis der Anlagen

Anlage 1:

§§ 6, 7 der „Verordnung über Allgemeine Bedingungen für die Elektrizitätsversorgung von Tarifkunden (AVBEltV)“ in der Fassung vom 21. Juni 1979, BGBl. I S. 684 ff.

Anlage 2:

Technische Anschlussbedingungen des Netzbetreibers (TAB)

Anlage 3:

„Richtlinie für Anschluss und Parallelbetrieb von Eigenerzeugungsanlagen am Niederspannungsnetz“ der VDEW (4. Ausgabe 2001)

Netzbetreiber:	**Anlagenbetreiber:**
....	....
(Ort, Datum)	(Ort, Datum)

7.1.2 Wartungsvertrag

Wartungsvertrag

Wartung für technische Anlagen und Einrichtungen
(gesamt Photovoltaikanlagen)

zwischen ....

Straße, Nr.: ....

PLZ, Ort: ....

Tel.: ....

Fax: ....

Nachfolgend „Netzbetreiber“ genannt

und ....

Straße, Nr.: ....

PLZ, Ort: ....

Tel.: ....

Fax: ....

Nachfolgend „Anlagenbetreiber“ genannt

wird für die Stromerzeugungsanlage

Straße, Nr.: ....

PLZ, Ort: ....

im folgenden Umfang:

Überprüfung der PV-Module,
der Wechselrichter,
der Blitzschutzanlage,
der Erdungsanlage
sowie der Kabelanlage
....
....

ein Wartungsvertrag geschlossen.

§ 1 Gegenstand des Vertrages

Gegenstand des Vertrages sind Inspektion und Wartung - nachstehend als Wartung bezeichnet, sowie kleine Instandsetzungsarbeiten an den technischen Anlagen und Einrichtungen - nachstehend als Anlagen bezeichnet, die auf dem Deckblatt des Vertrages aufgeführt sind.

§ 2 Leistungen des Auftragnehmers

2.1 Der Auftragnehmer ist verpflichtet, im Zusammenhang mit der Wartung diejenigen Instandsetzungsarbeiten auszuführen, die zur Wiederherstellung des Sollzustandes unerlässlich sind und den normalerweise zu erwartenden Zeitaufwand für die Wartung nicht wesentlich erhöhen.

2.2 Andere Instandsetzungsarbeiten hat der Auftragnehmer auf Anforderung in angemessener Frist auszuführen. Hierfür ist ein gesonderter Vertrag zu schließen. Auf Übertragung dieser Leistungen besteht kein Rechtsanspruch.

2.3 Der Auftragnehmer ist - auch außerhalb der regelmäßigen Wartungstermine - verpflichtet, Störungen, die die Sicherheit oder den Betrieb der Anlage gefährden oder ausschließen, nach Aufforderung zu beseitigen.

Er hat die Arbeiten innerhalb der betriebsüblichen Arbeitszeit auszuführen.

Da der geforderte Umfang der Einsatzbereitschaft die Kosten wesentlich beeinflusst, ist - soweit möglich - zu vereinbaren, dass Störungen innerhalb der betriebsüblichen Arbeitszeit zu beseitigen sind.

Ist zu erwarten, dass die Störungsbeseitigung erhebliche Kosten verursacht und kann eine Unterbrechung des Betriebes der Anlage hingenommen werden, ist der Auftragnehmer zunächst nur aufzufordern, die Ursachen der Störung zu ermitteln und die voraussichtlichen Kosten für die Beseitigung anzugeben.

§ 3 Pflichten des Auftragnehmers

3.1 Die Leistungen sind so auszuführen, dass die Betriebsbereitschaft und Sicherheit der Anlagen erhalten bleiben.

Die allgemein anerkannten Regeln der Technik, die gesetzlichen Bestimmungen und Schutzvorschriften, insbesondere die Unfallverhütungsvorschriften, sind zu beachten.

Der Auftragnehmer hat die Leistung mit seinem Betrieb zu erbringen. Er darf die Teile der Leistung mit Zustimmung des Auftraggebers an Nachunternehmer übertragen. Er ist verpflichtet, qualifizierte Fachkräfte einzusetzen.

Die aus Rechtsvorschriften sich ergebenen Pflichten des Betreibers werden durch den Abschluss eines Wartungsvertrages nicht eingeschränkt.

3.2 Der Auftragnehmer ist verpflichtet, alle zur Erbringung der Leistungen benötigten Hilfsmittel (z. B. Messgeräte und Werkzeuge) und Hilfsstoffe (z. B. Schmier- und Reinigungsmittel) zu liefern bzw. zu stellen.

3.3 Erkennt oder vermutet der Auftragnehmer Mängel oder Schäden, die die Betriebsbereitschaft oder Sicherheit einer Anlage gefährden können, hat er sofort folgende Stelle

....

....

....

zu benachrichtigen und erforderlichenfalls die Außerbetreibnahme der Anlage zu veranlassen.

Er hat fernmündliche oder mündliche Mitteilungen schriftlich zu bestätigen. Auf andere Mängel oder Schäden, die nicht unverzüglich beseitigt werden müssen und deren Beseitigung nicht zu den in den Nr. 2.1 und 2.2 beschriebenen Leistungen gehört, hat der Auftragnehmer den Auftraggeber hinzuweisen.

3.4 Erkennt der Auftragnehmer, dass wegen einer Änderung der Nutzung oder Änderung der für die Wartung bestehenden Vorschriften andere Wartungsintervalle notwendig werden, hat er den Auftraggeber darauf hinzuweisen.

§ 4 Ausführung der Leistung

4.1 Der Auftragnehmer hat nach jeder Wartung Art und Umfang der ausgeführten Leistungen, einschließlich der eingebauten Teile, in die Arbeitskarten einzutragen und bei der Wartung getroffene Feststellungen über den Zustand der Anlage, auch über etwaige, in absehbarer Zeit notwendig werdende Instandsetzungsarbeiten, in einem Arbeitsbericht anzugeben.

4.2 Bei den besonders zu vergütenden Leistungen nach Nr. 2.3 sind außerdem Zeitaufwand, Namen und Lohn bzw. Berufsgruppen (z. B. Monteur) des eingesetzten Personals sowie verwendete Hilfs- und Betriebsstoffe anzugeben.

4.3 Als Beauftragter des Auftraggebers bestätigt ein Techniker des Hauses die Durchführung der Arbeiten.

4.4 Der Zeitpunkt der Durchführung der Wartungsarbeiten ist mit dem Beauftragten des Auftraggebers rechtzeitig vor Beginn (mind. 8 Wochen vorher) abzustimmen.

4.5 Die Wartung ist *2-jährlich* durchzuführen.

Die erste Wartung erfolgt ....:

§ 5 Vergütung

Für die Wartung wird ein pauschaler Festpreis von ....€ (zuzüglich der zum Zeitpunkt der Verrechnung gültigen Umsatzsteuer) vereinbart.

Die Zahlung erbitten wir bei Abschluss der Wartungsarbeiten (je Einsatz) und Erhalt der Rechnung innerhalb von 10 Tagen ohne Abzug.

Mit der Pauschale sind ferner alle Nebenkosten, z. B. Fahr- und Transportkosten, Auslösungen, Tage- und Übernachtungsgelder, Schmutz- und Erschwerniszulagen, abgegolten.

Nicht abgegolten sind erforderliche Materialien wie Leuchtmittel usw.

Der Preis wird entsprechend der tariflichen Regelungen des Elektrohandwerkes angepasst.

§ 6 Gewährleistung

Die Verjährungsfrist der Gewährleistungsansprüche beträgt

- *6 Monate*

beginnend ab der jeweiligen Leistung.

§ 7 Haftung

Der Auftragnehmer haftet für von ihm zu vertretende Personenschäden entsprechend den gesetzlichen Bestimmungen. Er haftet für von ihm zu vertretende Sach- und Vermögensschäden bis zu einem Betrag von € 500.000 je Schadensereignis bis max. € 1 Mio.; er haftet nicht für Produktionsausfall, Betriebsunterbrechung, entgangenen Gewinn, Verlust von Daten und Informationen. Weitergehende Schadenersatzansprüche, gleich aus welchem Rechtsgrund, sind ausgeschlossen.

§ 8 Vertragsdauer/Kündigung

8.1 Der Vertrag beginnt am ....

8.2 Der Vertrag wird auf die Dauer von 5 Jahren geschlossen.

8.3 Er verlängert sich jeweils um ein weiteres Jahr, wenn er nicht spätestens 3 Monate vor seinem Ablauf schriftlich gekündigt wird.

8.4 Fristlose Kündigung ist nur aus wichtigem Grund möglich. Als wichtiger Grund gilt insbesondere, wenn

– die in der Bestandsliste aufgeführten Anlagen dauernd stillgelegt werden

– der Auftragnehmer seine Vertragspflichten einmal vorsätzlich oder grobfahrlässig oder mehrmals leicht fahrlässig verletzt hat,

– wenn der Betrieb des Auftragnehmers infolge wesentlicher Änderungen der Anlage nicht mehr auf die dann erforderlichen Wartungs- und Instandsetzungsarbeiten eingerichtet ist.

8.5 Wird ein Teil in der Bestandsliste aufgeführten Anlagen dauernd stillgelegt, ist eine angemessene Herabsetzung der Vergütung zu vereinbaren.

Dies ist rechtzeitig dem Auftragnehmer mitzuteilen.

§ 9 Pflichten des Auftraggebers

Der Auftraggeber hat dem Auftragnehmer zur Durchführung seiner Leistung die vorhandenen Einrichtungen, Versorgungsanschlüsse und Betriebsstoffe (z. B. Strom, Wasser, Brennstoffe) kostenlos zur Verfügung zu stellen und Zugang zu den Anlagen und Versorgungsanschlüssen zu verschaffen.

§ 10 Gerichtsstand

Liegen die Voraussetzungen für eine Gerichtsstandvereinbarung nach § 38 der Zivilprozessordnung vor, so richtet sich der Gerichtsstand für Streitigkeiten aus dem Vertrag nach dem Sitz der für die Prozessvertretung des Auftragnehmers zuständigen Stelle.

§ 11 Schriftform

11.1 Änderungen und Ergänzungen dieses Vertrages sowie alle den Vertrag betreffenden wesentlichen Mitteilungen bedürfen der Schriftform.

11.2 Falls ein Teil dieses Vertrages unwirksam sein oder werden sollte, wird die Gültigkeit der anderen Bestimmungen dieses Vertrages dadurch nicht berührt.

§ 12 Sonstige Bedingungen

Soweit keine anderen Bedingungen genannt sind, liegen diesem Angebot die Allgemeinen Verkaufsbedingungen und die Allgemeinen Lieferbedingungen für Erzeugnisse und Leistungen der Elektroindustrie - Stand Januar 2002 – sowie deren Ergänzungsklausel: Erweiterter Eigentumsvorbehalt – Stand Februar 1996 – zugrunde.

Auftraggeber:	**Auftragnehmer:**
....	....
(Ort, Datum)	(Ort, Datum)

7.1.3 Nachunternehmervertrag

Nachunternehmervertrag

zwischen ....

Straße, Nr.: ....

PLZ, Ort: ....

Tel.: ....

Fax: ....

Nachfolgend „Auftragnehmer (AN)“ genannt

und ....

Straße, Nr.: ....

PLZ, Ort: ....

Tel.: ....

Fax: ....

Nachfolgend „Auftraggeber (AG)“ genannt

wird für die Stromerzeugungsanlage

Straße, Nr.: ....
PLZ, Ort: ....

folgender Nachunternehmervertrag geschlossen:

§ 1 Bauvorhaben / Vertragsgegenstand

1. Dem AG ist mit Bauvertrag vom .... für das Bauvorhaben in

.............(Ortsbezeichnung mit Adresse) die Herstellung einer Photovoltaikanlage übertragen worden.

Der AN erhält vom AG folgende Leistung übertragen

....

....

2. Der AG überträgt dem AN und der AN übernimmt gegenüber dem AG Planungs- und Bauleistungen nach Maßgabe dieses Vertrages, seiner Anlagen,

- und der erteilten Baugenehmigungen*) vom ....

- und der Baueingabeplanung*) vom ....

§ 2 Vertragsbestandteile

Für diesen Vertrag gelten folgende Vertragsbestandteile in nachstehender Rangfolge:

1. Dieser Generalübernehmervertrag

2. Das Angebot des AN vom ....

3. Die Zeichnungen, Pläne, Skizzen vom ....

4. Die Bestimmungen der VOB/B in der bei Vertragsunterzeichnung geltenden Fassung, und zwar für Bauleistungen im Sinne von § 1 Nr. 1 VOB/A

   Für alle sonstigen Leistungen: Werkvertragsrecht des BGB.

5. Die anerkannten Regeln der Baukunst/Technik, die VOB/C sowie alle DIN-Normen des Deutschen Instituts für Normung e.V.

§ 3 Leistungsumfang des AN

1. Allgemeiner Leistungsumfang

   Der AN erstellt das Bauvorhaben nach Maßgabe der Vertragsbestandteile gem. § 2, einschließlich aller Nebenarbeiten, die zur ordnungsgemäßen Erledigung des Vertragsgegenstands erforderlich sind.

---

*) Nichtzutreffendes bitte streichen

Der AN verpflichtet sich, für das Bauvorhaben insbesondere auch folgende Leistungen zu erbringen:

1.1 Leistungen der Fachingenieure für u.a. Tragwerksplanung, Elektroanlagen, soweit diese Gegenstand des Angebots gem. § 2 Ziff. 2 sind.

1.2 Übernahme der örtlichen Bauleitung und Stellung des verantwortlichen Bauleiters im Sinne der gesetzlichen Bestimmungen.

1.3 Der AN übernimmt die Verkehrssicherungspflicht für die Dauer der Bauzeit für die gesamten von den Baumaßnahmen berührten Grundstücksflächen einschließlich der dazu gehörenden öffentlichen Grundstücksflächen.

1.4 Die Herbeiführung aller öffentlich geforderten Genehmigungen, Abnahmen sowie die Beschaffung mängelfreier Abnahme- und Prüfbescheinigungen, die im Zusammenhang mit dem Bauvorhaben und seiner angestrebten Nutzung stehen, soweit diese Gegenstand des Angebots gem. § 2 Ziff. 2 sind.

2. Leistungs- und Kostenabgrenzung

Die Einholung von Nachbarschaftsgenehmigungen jeglicher Art sowie der Abschluss von Gestattungsverträgen im Zusammenhang mit der Inanspruchnahme von Grundstücken Dritter gehört nicht zum Leistungsumfang des AN. Diese Leistungen wird der AG auf seine Kosten erbringen.

3. Leistungen, die der AN nicht im eigenen Betrieb erbringt, werden nach seinem Ermessen an Subunternehmer vergeben.

§ 4 Vergütung

1. Als Vergütung für die Photovoltaikanlage mit einer Nennleistung von .... KWp inkl. Unterkonstruktion und kompletter Elektroinstallation werden folgende Einheitspreise vereinbart:

1. Module inkl. Elektro	netto EUR/KWp =
2. Stahlkonstruktion	netto EUR/KWp =

Die Nennleistung richtet sich nach dem momentanen Planungsstand.

Abweichungen werden auf dem Gesamtpreis umgerechnet

2. Die Mehrwertsteuer ist in den Preisen zu 1. nicht enthalten. Sie wird nach den zum Zeitpunkt ihrer Fälligkeit geltenden gesetzlichen Bestimmungen zusätzlich vergütet.

3. In den Einheitspreisen ist alles inbegriffen, was zur vollständigen, ordnungsgemäßen Ausführung und Lieferung der in § 3 beschriebenen Leistung notwendig ist.

4. Für geänderte Leistungen bzw. in diesem Pauschalvertrag nicht enthaltene Zusatzleistungen oder entfallene Leistungen hat der Auftragnehmer bzw. der Auftraggeber einen Vergütungsanspruch.

§ 5 Zahlungen

1. Abschlagzahlung:	40 % der Auftragssumme 10 Tage nach Auftragserteilung. Zur Absicherung erhält der AG vom Arbeitnehmer eine Bankbürgschaft nach Vorgabe des AG in gleicher Höhe.
2. Abschlagzahlung:	25 % der Auftragssumme bei Fertigstellung der Unterkonstruktion auf dem Dach.
3. Abschlagzahlung:	25 % der Auftragssumme bei Fertigmontage der Solarmodule auf dem Dach.
4. Schlusszahlung:	Rest der Auftragssumme nach Gesamt-Fertigstellung

Abschlags- und Schlussrechnungen sind in zweifacher Ausfertigung bei dem AG einzureichen.

§ 6 Abwicklung des Bauvorhabens

1. Der AG benennt als uneingeschränkt bevollmächtigten Vertreter

   Herrn/Frau ....

   der/die besonders beauftragt und bevollmächtigt ist, in allen Fragen, die die Abwicklung und etwaige Änderungen dieses Generalübernehmervertrages betreffen (einschließlich Zeit und Geld) , verbindlich zu verhandeln und zu entscheiden.

   Entsprechend benennt der AN als uneingeschränkt bevollmächtigten Vertreter

   Herrn/Frau ....

§ 7 Termine

1. Baubeginn: ....

   Bauzeit: ....

2. Die für die Ausführung benötigten Unterlagen werden dem Auftragnehmer in ....

   Ausfertigung kostenlos und rechtzeitig zur Verfügung gestellt.

3. Voraussetzung für die Einhaltung des Fertigstellungstermins ist, dass sämtliche vom AG zu erbringenden Vorleistungen rechtzeitig erbracht werden.

4. Änderungen des Leistungsumfangs können zu einer angemessenen Verschiebung des Fertigstellungstermins führen.

5. Verzögert sich die Ausführung aus Gründen, die der AN nicht zu vertreten hat, ist ein neuer Fertigstellungstermin abzustimmen.

6. Ist witterungsbedingt eine fachgerechte Erstellung der vorgesehenen Leistung nicht möglich, so verschiebt sich die Ausführungsfrist entsprechend. Winterbaumaßnahmen sind nicht Vertragsgegenstand.

§ 8 Sicherung und Ordnung der Baustelle

1. Der Auftragnehmer hat grundsätzlich in voller eigener Verantwortung auf dem gesamten Baugrundstück alle zur Sicherung der Baustelle erforderlichen Maßnahmen auszuführen und zu veranlassen. Hierbei hat er alle einschlägigen Vorschriften, insbesondere die bau- und verkehrspolizeilichen Vorschriften, die Bestimmungen der Berufsgenossenschaft, der Gewerbeaufsicht und anderer weisungsbefugten Behörden sowie die Bestimmungen der Unfallverhütungsvorschriften zu beachten.
2. Der verantwortliche Bauleiter im Sinne der jeweiligen Landesbauordnung wird vom Auftragnehmer gestellt. Die Bauleitung des Auftragnehmers ist bis zur Abnahme gegenüber Dritten auf der Baustelle im Rahmen der vom Auftragnehmer zu erbringenden Leistungen weisungsberechtigt.
3. Der Auftragnehmer hat seine Leistungen so zu erbringen und sich auf der Baustelle so zu verhalten, dass Schäden des Auftraggebers, des Vertreters anderer Baubeteiligter, seiner eigenen Mitarbeiter und Außenstehender Dritter unbedingt vermieden werden.

§ 9 Abnahme

1. Für die Abnahme gilt § 12 VOB/B
2. Der AN ist berechtigt, Teilabnahmen vom AG zu verlangen.
3. Der AN ist verpflichtet, die bei der Abnahme festgestellten und schriftlich angezeigten Mängel zu beseitigen.

§ 10 Gewährleistung

1. Der AN übernimmt die Gewähr, dass seine Leistung zum Zeitpunkt der Abnahme die vertraglich zugesicherten Eigenschaften hat, den anerkannten Regeln der Technik entspricht und nicht mit Fehlern behaftet ist, die den Wert oder die Tauglichkeit zu dem gewöhnlichen oder dem nach dem Vertrag vorausgesetzten Gebrauch aufheben oder mindern. Für verschleiß- und Verbrauchsteile übernimmt der Auftragnehmer die Gewähr für den ordnungsgemäßen Einbau, die Funktionsfähigkeit bei der Übergabe, die korrekte Einweisung in die Arbeitsweise und die produktübliche Lebensdauer, der Auftragnehmer haftet jedoch nicht für gebrauchsübliche oder durch unsachgemäßen Gebrauch hervorgerufene Verschleißschäden.
2. Die Gewährleistungszeit beträgt 5 Jahre ab Abnahme der Leistung.
3. Erforderliche Wartungsverträge für die Leistung des Auftragnehmers sind vom Auftraggeber auf dessen Kosten abzuschließen.

§ 11 Haftung / Versicherung

1. Der AN ist verpflichtet, zur weitergehenden Absicherung der Risiken aus den von ihm überkommenen Planungs- und Bauleitungstätigkeiten auf seine Kosten eine besondere Haftpflichtversicherung mit nachstehend aufgeführten Deckungsformen abzuschließen und dem AG innerhalb von 14 Tagen nach Abschluss dieses Vertrages, auf sein Verlangen hin, durch Vorlage der Police nachzuweisen:

Für Personenschäden je Verstoß	bis EUR 1.500.000,-
Für Sach- und Vermögensschäden je Verstoß	bis EUR 250.000,-

§ 12 Sicherheitsleistung

1. Die Parteien vereinbaren eine Sicherheitsleistung in Höhe von 5 % der Bruttoauftragssumme für die Dauer der Gewährleistungsfrist.
2. Der AN ist berechtigt den Sicherheitseinbehalt durch Übergabe einer unbedingten, unbefristeten, unwiderruflichen und selbstschuldnerischen Bürgschaft eines in der Europäischen Gemeinschaft zugelassenen Kreditinstitutes abzulösen. In der Bürgschaft muss die Verpflichtung enthalten sein, auf sämtliche Einreden sowie das Recht zur Hinterlegung zu verzichten. Die Parteien sind sich darüber einig, dass für sämtliche in § 17 VOB/B vorgesehenen Fällen ein Sperrkonto bei der ....*Bank (vereinbarte Bank)* einzurichten ist.

§ 13 Zusätzliche Vereinbarung

Vereinbarungen zwischen dem AN und dem AG, die eine Änderung dieses Vertrages zum Gegenstand haben, bedürfen der Schriftform.

§ 14 Teilungswirksamkeit

1. Sollten Bestimmungen dieses Vertrages rechtsunwirksam sein oder sollte sich im Vertrag eine Lücke herausstellen, so soll hierdurch die Gültigkeit der übrigen Bestimmungen des Vertrages nicht berührt werden.
2. Anstelle der unwirksamen Bestimmungen oder zur Ausführung der Lücke soll eine angemessene Regelung gelten, die – soweit rechtlich möglich dem am nächsten kommen, was die Vertragspartner zum Zeitpunkt des Vertragsschlusses gewollt haben oder nach dem Sinn und Zweck des Vertrages gewollt haben dürfen, sofern sie den außer Acht gelassenen Punkt bedacht hätten.

§ 15 Gerichtsstand

Sofern die Parteien Vollkaufleute sind, wird als Gerichtsstand für alle Streitigkeiten aus diesem Vertrag und über dessen Gültigkeit Langen vereinbart.

Auftraggeber:	**Auftragnehmer:**
....	....
(Ort, Datum)	(Ort, Datum)

7.1.4 Projektsteuerervertrag

PROJEKTSTEUERERVERTRAG

zwischen

....Bauherr (Aufraggeber)

(Rechnungsanschrift)

und

....Projektsteuerer (Auftragnehmer)

§ 1 Gegenstand und Grundlage des Vertrages:

(1) Gegenstand dieses Vertrages sind die nachfolgend im einzelnen vereinbarten Projektsteuererleistungen für das Bauvorhaben: ....

auf dem Grundstück ....in ...., Flurstück...........

(2) Der Bauherr ist Grundstückseigentümer ………….. **ja/nein**

(3) Außerhalb des Grundstückes befindliche Anlagen (z. B. Erschließungsanlagen) gehören zum Gegenstand dieses Vertrages. …….. **ja/nein**

(4) Es handelt sich bei dem Bauvorhaben um:

o Neubau/Neuanlage

o Erweiterung

o Umbauten

o Modernisierung

o Integrierte Werbeanlagen

o Instandsetzungen

o Instandhaltungen

o sonstiges...

(5) Bestandteil und Grundlage dieses Vertrages sind in folgender Reihenfolge:

a) Die Vereinbarungen in diesem Vertrag einschließlich der Anlagen .... bis ....

Anlage 1: Vom Bauherren definierter Rahmen (sollte er nicht in § 2 beschrieben sein)

Anlage 2: Vollmachten des Projektsteuerers

Anlage 3: Vereinbarung zur stufenweisen Beauftragung

Anlage 4: Vom Bauherren zur Verfügung gestellte Unterlagen, Nutzerangaben und Ausführungsbedingungen

Anlage 5: Übersicht der wesentlichen Entscheidungen des Bauherren

Anlage 6: Übersicht der wichtigen Zwischentermine des Projektes

Anlage 7: Zahlungsplan für das Projektsteuererhonorar

Anlage 8: ....

b) Die technischen Vorschriften für Bauleistungen in der zur Zeit der Abnahme des Bauvorhabens geltenden Fassung, sowie der zu diesem Zeitpunkt geltenden Anerkannten Regeln der Technik.

c) Die einschlägigen Vorschriften der Berufsgenossenschaften und sonstiger Behörden, die für die Erfüllung des Vertrages maßgebende Vorschriften neuester Stand, DIN, VDI- und VDE-Regeln, sowie die jeweils geltenden bauordnungsrechtlichen Bestimmungen.

d) Die Bestimmungen über den Werkvertrag § 631ff. BGB.

e) Die Honorarordnung für Architekten und Fachplaner (HOAI) in der bei Vertragsschluss gültigen Fassung, in Verbindung mit dem Präzisierungsvorschlag des AHO zur Honorierung von Projektsteuerungsleistungen.

f) DIN 276 (Juni 1993) mit der erforderlichen Transformation auf DIN 276 (April 1981) für Honorarermittlung bzw. Prüfung von Planerrechnungen.

g) Die Landesbauordnung des Bundeslandes ....

§ 2 Leistungen des Auftragnehmers

(1) Die vom Projektsteuerer nach diesem Vertrag auszuführenden Leistungen werden durch den Inhalt dieses Vertrages bestimmt. Alle Leistungen, die zur Herbeiführung des werkvertraglichen Leistungserfolges erforderlich sind, auch wenn sie nicht im einzelnen hier aufgeführt werden, sind vom Auftragnehmer geschuldet.

(2) Der Leistungserfolg wird bestimmt auf der Grundlage, der vom Auftraggeber nachfolgend genannten Zielvorstellungen, für die in §1 beschriebene Baumaßnahme:

a) Zielvorstellung zur Nutzung/Funktion: ....

b) Zielvorstellung zur Ausnutzung des zu bebauenden Grundstückes: ....

c) Vom Auftraggeber definierter Finanzierungsrahmen/Kostengrenze (ohne MwSt):.................

d) Vom Auftraggeber definierter Terminrahmen ....

(3) Die Vertragsparteien sind sich darüber einig, dass die hier definierten Zielvorstellungen nur umsetzbar sind, sofern keine öffentlich-rechtlichen Hindernisse dem entgegenstehen und der vorgegebene Zeit- und Finanzierungsrahmen die Erfüllung der Zielvorstellungen zulässt (keine grundsätzlichen Zielkonflikte). Der Auftragnehmer übernimmt insoweit nur die Haftung für die rechtzeitige und ordnungsgemäße Information des Auftraggebers, sowie die Berücksichtigung der vorgegebenen Zielvorstellungen im Rahmen der objektiven Realisierbarkeit.

(4) Der Auftraggeber (Bauherr) überträgt dem Auftragnehmer (Projektsteuerer) die im Folgenden aufgeführten Grundleistungen gemäß § 204 des Leistungsbildes Projektsteuerung der DVP/AHO- Fachkommission:

1. Projektvorbereitung .... **ja/nein**

2. Planung.. **ja/nein**

3. Ausführungsvorbereitung.. **ja/nein**

4. Ausführung.. **ja/nein**

5. Projektabschluss .... **ja/nein**

6. Koordinierung von Sicherheit und Gesundheitsschutz .... **ja/nein**

(5) Um den Erfolg herbeiführen zu können, sind folgende besondere Leistungen in Ergänzung zu § 2 (4) notwendig, und werden hiermit vom Auftraggeber beauftragt:

Projektstufebeauftragte für besondere Leistungen 1. Projektvorbereitung *2.* Planung 3. Ausführungsplanung 4. Ausführung 5. Projektabschluss 6. Koordinierung von Sicherheit und Gesundheitsschutz.

(6) Der Auftragnehmer verpflichtet sich, weitere Leistungen zu übernehmen und auszuführen, wenn der Auftraggeber diese rechtzeitig gegenüber dem Auftragnehmer fordert. Die Leistungen müssen im Zusammenhang mit den bisher beauftragten Leistungen stehen und der Auftragnehmer muss in der Lage sein, diese auszuführen und die nötige Qualifikation besitzen.

(7) Der Auftragnehmer wird dazu verpflichtet, einem vom Auftraggeber beauftragten juristischen Fachmann im Falle von rechtlichen Streitigkeiten, das Projekt betreffend, Zuarbeit zu leisten. **ja/nein**

(8) Der Auftraggeber beauftragt den Auftragnehmer von den in §2 (4) und §2 (5) genannten Leistungen zunächst mit folgenden Leistungen (stufenweise Beauftragung):

....

Der Auftraggeber verpflichtet sich, für den Fall, dass weitere Leistungen erbracht werden sollen dazu, dies rechtzeitig und schriftlich dem Auftragnehmer mitzuteilen. Der Auftragnehmer ist von der Verpflichtung befreit weitere Leistungen bei einer stufenweisen Beauftragung zu erbringen, wenn zwischen dem Abschluss der zuletzt beauftragten Leistung und dem Anschlussauftrag ein Zeitraum von mehr als .... Monaten liegt.

(9) Bei einer stufenweisen Beauftragung durch den Auftraggeber verpflichtet sich dieser für den Fall, dass es zu einer Anschlussbeauftragung kommt, diese .... Wochen vor Beendigung der zuletzt beauftragten Leistung schriftlich, dem Auftragnehmer zu beauftragen. Sollte dieser Zeitrahmen nicht eingehalten werden, so kann der Auftragnehmer den Vertrag kündigen. **ja/nein**

(10) Der Auftragnehmer ist dazu verpflichtet dem Auftraggeber ein Büro zu benennen, an dem er für den Auftraggeber zu bestimmten Zeiten für Rückfragen zur Verfügung steht.

ja/nein

Anschrift: .... Telefon: ....

Zeiten: ....

§ 3 Leistungen und Mitwirkungen des Auftraggebers

(1) Der Auftraggeber verpflichtet sich, seine Zielvorstellungen so rechtzeitig dem Auftragnehmer mitzuteilen, dass keine Behinderungen der Arbeiten entstehen oder Mehrfacharbeiten nötig werden. Um dies sicherzustellen verpflichtet sich der Auftragnehmer eine Aufstellung der notwendigen Entscheidungen des Auftraggebers binnen .... Wochen nach Vertragsabschluss zukommen zulassen. Dies stellt einen ersten Zeitrahmen dar und enthält noch keine Detailentscheidungen während des Bauablaufes.

(2) Der Auftraggeber verpflichtet sich bei Detailentscheidungen während des Bauablaufes, seine Entscheidung dem Auftragnehmer .... Stunden vorher mitzuteilen.

(3) Der Auftragnehmer verpflichtet sich dem Auftraggeber bis zum ....einen Vorschlag zu unterbreiten, welche Sonderfachleute in welchem Umfang diese vom Auftraggeber separat zu beauftragen sind. Der Auftragnehmer koordiniert fachlich und zeitlich die notwendigen Leistungen der Sonderfachleute und bezieht deren Ergebnisse in seine eigenen Leistungen ein.

Der Auftraggeber gibt diese Leistungen direkt in Auftrag. **ja/ nein**

oder

Der Auftragnehmer beauftragt nach Abstimmung mit dem Auftraggeber die Sonderfachleute direkt. Die notwendigen Kosten werden dem Auftragnehmer zusätzlich zu der Vergütung aus diesem Vertrag in Rechnung gestellt. Die Berechnung der entsprechenden Honorare erfolgt auf der Grundlage der preisrechtlichen Bestimmungen der HOAI.

ja/nein

(4) Um eventuelle Konflikte durch missverständliche Aussagen gegenüber den Bauunternehmern, Planern oder sonstigen am Bau Beteiligten zu vermeiden, verpflichtet sich der Auftraggeber, etwaige Anweisung an die genannten Personen nur nach vorheriger Abstimmung mit dem Auftragnehmer zu erteilen.

ja/nein

(5) Die Abnahme der Bauleistungen oder Teilabnahmen von Bauleistungen führt der Auftraggeber erst nach entsprechenden Beratungen mit dem Auftragnehmer durch.

ja/nein

(6) Die Abnahme oder Teilabnahmen der Projektsteuererleistungen erfolgt mit Abnahme oder Teilabnahme der entsprechenden Bauleistungen.

ja/nein

oder

(7) Die Abnahme oder Teilabnahmen der Projektsteuererleistung erfolgt nach folgenden Kriterien (z. B. stillschweigende oder konkludente Abnahme).

ja/nein

(8) Gemäß der Verordnung über Sicherheit und Gesundheitsschutz auf Baustellen (BaustellenVo) vom 10. Juli 1998 ist der Bauherr verpflichtet für Baustellen, auf denen mehrere Auftraggeber tätig werden, je nach Art und Umfang des Bauvorhabens einen oder mehrere Koordinatoren zu bestellen. Diese müssen die nötige fachliche Qualifikation mitbringen.

Der Auftraggeber gibt diese Leistung direkt in Auftrag. **ja/nein**

oder

Der Auftraggeber beauftragt den Auftragnehmer mit den unter § 3 (8) beschriebenen Leistungen und eventuellen notwendig werdenden zusätzlichen Leistungen (SiGe-Plan). Der Auftragnehmer muss über die nötigen Qualifikationen verfügen und die nötige Erfahrung mitbringen.

ja/nein

§ 4 Termine und Vertragszeiten

(1) Vertragsbeginn: .... / nach Auftragserteilung

Vertragsende:................................... Mit Abnahme der Bauleistung/Monate nach Baufertigstellung/ mit Prüfung aller Schussrechnungen/.......................

(2) Für die zeitliche Abwicklung der vertragsmäßigen Leistungen des Auftragnehmers sind die folgenden Zeiträume vorgesehen:

a) Baueingabe ....

b) Baubeginn ....

c) Gesamtfertigstellung ....

d) Nutzungsbeginn ....

oder

e) Es wird eine Bauzeit ab Baubeginn am.................. von .... Monaten vereinbart.

Folgende Zwischentermine werden als Vertragstermine vereinbart:

a) ....

b) ....

c) ....

Diese Fristen können nur dann eingehalten werden, wenn der Auftragnehmer in seiner Leistung nicht von Dritten behindert wird. Sollte es zu Verschiebungen kommen, die nicht im Einflussbereich des Auftragnehmers liegen, wird dies dem Auftraggeber unverzüglich angezeigt.

(3) Kann nicht, wie ursprünglich festgelegt mit der Bauausführung begonnen werden, bzw. kommt es zu einer Verlängerung der Bauausführungszeit über den vorgesehenen Zeitraum von .... Monaten und fällt die Bauzeitverlängerung in den Risikobereich des Auftraggebers, bzw. ist die Verlängerung vom Auftraggeber zu vertreten ist dem Auftragnehmer

a) der nachweislich entstandene Mehraufwand zu ersetzen **ja/nein**

oder

b) pro Verlängerungsmonat der Prozentsatz der Leistungsphase 4, der sich auf die vertragliche Bauzeit pro Monat errechnet, zusätzlich zu vergüten (§ 5 (3)) **ja/nein**

oder

c) die Vergütung regelt sich nach den vertraglichen Bestimmungen des § 5 (5) dieses Vertrages **ja/nein**

§ 5 Vergütung

(1) Das Honorar für Grundleistungen der Projektsteuerung richtet sich nach den anrechenbaren Kosten des Projektes gem. DIN 276 mit den Kostengruppen 100 bis 700 ohne 110, 710 und 760, nach den Honorarzonen für Leistungen der Projektsteuerungen in § 203 AHO-Entwurf zur Honorierung von Projektsteuerungsleistungen sowie nach der Honorartafel in § 206 AHO-Entwurf zur Honorierung von Projektsteuerungsleistungen in Verbindung mit § 31 Projektsteuerung HOAI und den ortsüblichen Vergütungen für den SiGe-Koordinator.

(2) Es wird die Honorarzone .... gemäß § 203 AHO- Entwurf zur Honorierung von Projektsteuerungsleistungen vereinbart.

(3) Für die Honorarzone gemäß §5 (2) dieses Vertrages wird folgender Honorarsatz vereinbart (§206 Honorartafel für Grundleistungen der Projektsteuerung AHO- Entwurf):

o Mindestsatz

o Mittelsatz

o ¾ Satz

o Höchstsatz

(4) Die übertragenen Grundleistungen werden auf Grundlage von § 206 Honorartafel für Grundleistungen der Projektsteuerung in Verbindung mit § 204 Leistungsbild Projektsteuerung AHO-Entwurf anteilig vom Gesamthonorar wie folgt vergütet:

1. Projektvorbereitung 26 %, 2. Planung 21 %, 3. Ausführungsvorbereitung 19 %, 4. Ausführung 26 %, 5. Projektabschluss 8 %.

(5) Verlängert sich die Planungs- und/oder die Bauzeit wesentlich durch Umstände, die der Auftragnehmer nicht zu vertreten hat um mehr als ....Wochen/Monate, so steht dem Auftragnehmer eine daraus resultierende Mehraufwendung in Höhe der folgenden Vergütung zu

a) für die Leistungsphasen 1–3 für jede(n) Verlängerungswoche/Monat um .... €/ % zu (§ 4 (2)). Dies betrifft nicht schon bereits abgerechnete und bezahlte Leistungen.

b) für die Leistungsphase 4 für jede(n) Verlängerungswoche/Monat um..................
€/ %

c) für die Leistungen als SiGe-Koordinator ....

(6) Soweit auf die Veranlassung des Auftraggebers, Mehrleistungen des Auftragsnehmers erforderlich werden, hat der Auftraggeber dies zusätzlich zu honorieren. Der Vergütungsanspruch ist dem Auftraggeber unverzüglich anzuzeigen.

(7) Für die gemäß § 3 (8) beauftragten SiGeKo-Leistungen werden folgende Honorare vereinbart:

geschätzter Leistungsumfang Leistungen in der Planungsphase Stunden des SiGe-

Koordinators Stunden für technische Mitarbeiter (1.) Analyse der bereitgestellten Unterlagen, (2.) Besichtigung des Baugeländes, (3.) Gefährdungsanalyse erstellen, (4.) SiGe-Plan erstellen, (5.) Koordination der SiGe-Maßnahmen in der Planung, (6.) Beratungen in allen Planungsphasen, (7.) Aufstellen einer Baustellenordnung Leistungen in der Ausführungsphase, (8.) Gefährdungsanalyse ergänzen, (9.) SiGe-Plan fortschreiben und bekannt machen der Änderungen, (10.) Koordination der SiGe-Maßnahmen, (11.) Zusammenstellen der Unterlagen für die sichere Durchführung von Instandhaltungsarbeiten während der Nutzungsphase.

Über- und Unterschreitungen von weniger als 20 % brauchen dem Auftraggeber nicht vorher angezeigt zu werden. Sind Überschreitungen von mehr als 20 % zu erwarten, wird der Auftraggeber unverzüglich informiert.

oder

Es wird ein Pauschalhonorar in Höhe von .... € vereinbart.

(8) Für die gemäß §2 (6) beauftragten besonderen Leistungen werden folgende Honorare vereinbart:

Besondere Leistungen Honorar

(9) Zeithonorar:

Sollte keine Vereinbarung über die Honorierung einzelner Leistungsteile getroffen werden, oder sollte dies nicht möglich sein, werden folgende Zeithonorare vereinbart (§6 HOAI):

Tätigkeit Vergütung [€ / h]Tagessatz [€]für den Auftragnehmer für leitende Mitarbeiter für sonstige Architekten, Fachplaner für sonstige Mitarbeiter für technische und kaufmännische Aufgaben Azubi sonstige

Die Übersicht über den notwendig gewordenen Zeitaufwand wird dem Auftraggeber monatlich/ Quartalsweise zugestellt.

§ 6 Nebenkosten

(1) Nach §7 HOAI werden die Nebenkosten berechnet:

a) Die gesamten Nebenkosten werden mit einer Pauschale in Höhe von .... % des Nettohonorars vergütet. **ja/nein**

oder

b) Post- und Fernmeldegebühren pauschal mit .... € / % des Nettohonorars. Die übrigen Nebenkosten werden auf Nachweis vergütet. **ja/nein**

oder

c) Alle Nebenkosten werden auf Nachweis vergütet, wobei folgende Berechnungsgrundlagen vereinbart werden.

Fahrtkosten (bei Nutzung des eigenen PKW)	....	€/km
Tagesgeldpauschale	....	€
Übernachtungskosten (auf Nachweis)	....	€

....

.... **ja/nein**

§ 7 Zahlung

(1) Die Vertragsparteien vereinbaren Abschlagszahlungen nach:

Zahlungsplan als Anlage ...... zu diesem Vertrag **ja/nein**

oder

entsprechend des Arbeitsfortschrittes auf Anforderung innerhalb von ....Werktagen **ja/nein**

(2) Die Schlusszahlung ist innerhalb von .... Werktagen nach Vorliegen der Schlussrechnung zu leisten. **ja/nein**

(3) Eine Aufrechnung gegen den Honoraranspruch des Auftragnehmers ist nur dann zulässig, wenn die Forderungen unbestritten oder rechtskräftig festgestellt worden sind.

(4) Sollte während des Vertragsverhältnisses eine offizielle Änderung der Honorarordnung In-Kraft-Treten, so dass die Vergütungsgrundsätze geändert werden, so gilt für die Leistungen, die nach In-Kraft-Treten der Änderungen erbracht werden, die zu diesem Zeitpunkt geltenden Honorartafeln und Stundensätze.

§ 8 Umsatzsteuer

Die Umsatzsteuer wird nach § 9 HOAI zusätzlich zum Honorar und den Nebenkosten in Rechnung gestellt

§ 9 Unterrichtung des Auftraggebers und Vollmachten des Auftragnehmers

(1) Der Auftragnehmer ist dazu verpflichtet, den Auftraggeber umfassend zu unterrichten. Er hat dem Auftraggeber auf Verlangen unverzüglich und unentgeltlich Auskunft über alle wesentlichen Umstände, im Zusammenhang mit seiner Leistungserfüllung, zu erteilen. Diese Pflicht erlischt auch nach Beendigung des Vertragsverhältnisses nicht

(2) Soweit es seine Aufgaben erfordert, ist der Auftragnehmer verpflichtet und berechtigt, die Rechte des Auftraggebers zu wahren und die notwendigen Weisungen zu erteilen.

(3) Der Auftragnehmer hat keine rechtsgeschäftliche Vollmacht. **ja/nein**

(4) Der Auftragnehmer darf nur finanzielle Verpflichtungen für den Auftraggeber eingehen, wenn Gefahr im Verzug vorliegt und das Einverständnis des Auftraggebers nicht rechtzeitig zu erlangen ist. **ja/nein**

oder

Um Behinderungen im Bauablauf und damit eventuell verbundenen Mehrkosten wegen fehlender Entscheidungen (insbesondere zu bautechnischen Sachverhalten) zu verhindern, hat der Auftragnehmer das Recht,

Teilaufträge bis zu einer jeweiligen Nettosumme von .... T€

und einer maximalen Gesamtnettosumme von .... T€ direkt zu erteilen.

ja/nein

(5) Der Auftragnehmer unterrichtet den Auftraggeber unverzüglich, wenn ein Auftrag nach § 9 (4) dieses Vertrages erteilt wurde.

(6) Sollte Gefahr in Verzug sein, ist der Auftragnehmer dazu berechtigt alle nötigen Weisungen zu erteilen ohne vorher Rücksprache mit dem Auftraggeber nehmen zu müssen. Der Auftragnehmer informiert unverzüglich den Auftraggeber.

§ 10 Haftung/Verjährung/Gewährleistung

(1) Für die Gewährleistungs- und Schadensersatzansprüche gelten die Reglungen des §§ 633 ff. BGB Werkvertragsrechts.

(2) Die Verjährungsfrist beginnt mit der Abnahme der nach diesem Vertrag zu erbringenden Leistungen, spätestens mit Übergabe des Bauwerks .... **ja/nein**

oder

Es werden folgende Vereinbarungen getroffen:...

(3) Der Auftragnehmer ist verpflichtet zur Abdeckung vorbezeichneter Risiken eine Haftpflichtversicherung abzuschließen und diese bis zum Abschluss seiner Tätigkeiten zu unterhalten.

Die Deckungssumme muss mindestens betragen:

Für Personenschäden .... T€

Für Sach- und Vermögensschäden .... T€

(4) Der Auftragnehmer wird weiterhin dazu verpflichtet, dem Auftraggeber den entsprechenden Versicherungsschein vorzulegen, den er bei Abschluss seiner Versicherungspolice von seinem Versicherungsunternehmen erhalten hat. **ja/nein**

(5) Der Auftraggeber ist erst zur Zahlung verpflichtet, wenn die unter §11 (3) und (4) verlangte Versicherungspolice vorliegt. **ja/nein**

§ 11 Vorzeitige Beendigung des Vertrages

(1) Kündigungen des Auftraggebers wie auch des Auftragnehmers richten sich nach den gesetzlichen Bestimmungen.

(2) Der Auftraggeber kann bis zur Fertigstellung des Projektes jederzeit den Vertrag gemäß §649 BGB kündigen.

(3) Die Kündigung bedarf der Schriftform.

(4) Hat der Auftragnehmer die Kündigung durch den Auftraggeber zu vertreten, hat der Auftragnehmer nur Anspruch auf Vergütung der bis zum Kündigungszeitpunkt erbrachten Leistungen, falls diese für den Auftraggeber verwertbar sein sollten.

(5) In allen anderen Fällen der Kündigung durch den Auftraggeber steht dem Auftragnehmer das vertraglich zugesicherte Honorar zu. Er muss sich auf diese Honoraransprüche jedoch die Aufwendungen anrechnen lassen, die er infolge der Aufhebung des Vertrages erspart, oder durch anderweitige Verwendung seiner Arbeitskraft erwirbt, oder zu erwerben böswillig unterlässt.

(6) Der Auftragnehmer kann nur unter den in §643 BGB genannten Bedingungen kündigen oder wenn die Arbeiten für mehr als .... Monate unterbrochen sind, ohne, dass dies in den vom Auftragnehmer zu vertretenden Bereich fällt.

§ 12 Urheberrechte und Schutz des Auftragnehmers

(1) Der Auftragnehmer ist berechtigt, auch nach Beendigung des Vertrages, das Bauwerk oder die bauliche Anlage in Absprache mit dem Auftraggeber zu betreten, um fotografische oder sonstige Aufnahmen anzufertigen. **ja/nein**

(2) Eine Mehrfachverwendung der unter §1 des Vertrages gefertigten Unterlagen des Bauvorhabens inklusive der zugehörigen EDV-Unterlagen ist nicht gestattet.

§ 13 Erfolgshonorar

(1) Der Auftragnehmer kann nach Abschluss der Leistungsphasen:

o 2. Planung

oder

o 3. Ausführungsvorbereitung

mit besonderen Leistungen im Sinne des § 5 Abs. 4a HOAI beauftragen. Leistungen und Honorar werden wie folgt vereinbart: .... **ja/nein**

(2) Der Auftragnehmer erhält hierfür ein Honorar in Höhe von .... % der durch die zusätzlichen oder besonderen Leistungen des Auftragnehmers ersparten Kosten zzgl. Umsatzsteuer nach § 9 HOAI. Als Berechnungsgrundlage für die ersparten Kosten werden die vom Auftraggeber genehmigte

o Kostenschätzung

oder

o Kostenberechnung zu Grunde gelegt. **ja/nein**

oder

Grundlage für die Bestimmung der Einsparungen sind: ....

(3) Ein Honoraranspruch für die unter § 13 (1) und (2) getroffenen Vereinbarungen besteht nur, wenn:

a) Die Kostensenkung eintritt und die Kostensenkung mindestens eine Senkung der Gesamtbaukosten von .... um .... % zur Folge hat.

b) Die Kostensenkung auf den vereinbarten besonderen Leistungen beruht.

c) Die vom Auftragnehmer aufgezeigten technischen/wirtschaftlichen Lösungen nicht den durch Gesetz, technischen Regeln oder nach dem Vertragszweck vorgeschriebenen Standard verändern bzw. nicht ohnehin geschuldet war.

(4) Der Auftragnehmer trägt die Beweislast.

(5) Die vereinbarte Kostensenkung ist in der Honorarschlussrechnung durch eine nachvollziehbare Vergleichsberechnung anhand der Schlussrechnung der am Bau Beteiligten nachzuweisen.

Bei dem anzustellenden Kostenvergleich nach DIN 276 werden einbezogen:

300 Bauwerk-Baukonstruktion

400 Bauwerk-technische Anlagen

Baunutzungskosten nach DIN 18960 Teil I

§ 14 Vertragsstrafen

(1) Der Auftraggeber behält sich das Recht vor, folgende Regelungen für den Fall, dass

a) die unter §4 (Termine und Vertragszeiten) getroffenen Regelungen nicht eingehalten werden und dies dem Verantwortungsbereich des Auftragnehmers zu zuordnen ist, eine Vertragsstrafe von: **ja/nein**

oder

b) ab einer Terminüberschreitung der Regelbauzeit von .... % ist eine Vertragsstrafe von: **ja/nein**

o pauschal in Höhe von: .... €

oder

o pro angefangener Kalenderwoche in Höhe von: .... €

zu vereinbaren. **ja /nein**

(2) Die Beweislast liegt beim Auftraggeber.

§ 15 Aufbewahrungsfristen

(1) Der Auftragnehmer ist dazu verpflichtet die gesamten Bauunterlagen/Auftragsunterlagen für den Zeitraum von .... Jahren aufzubewahren. **ja/nein**

a) Nach Ablauf des in §17 (1) festgesetzten Zeitraumes gehen diese Unterlagen an den Auftraggeber. **ja/nein**

oder

b) Nach Ablauf des in §17 (1) festgesetzten Zeitraumes werden diese Unterlagen vernichtet. **ja/nein**

(2) Der Auftragnehmer verpflichtet sich den Auftraggeber .... Wochen vor Ablauf der Frist nochmals über den Verbleib der Unterlagen schriftlich zu informieren.

(3) Der Auftraggeber hat eine Einspruchsfrist von .... Tagen nach Erhalt des Schreibens aus §17 (2).

§ 16 Erfüllungsort/Gerichtsstand

(1) Erfüllungsort für die vom Auftragnehmer zu erbringenden Leistungen ist die Baustelle, soweit diese Leistungen dort zu erbringen sind; im übrigen der Sitz des Bauamtes.

(2) Soweit die Vorraussetzungen gemäß §38 der Zivilprozessordnung (ZPO) vorliegen, richtet sich der Gerichtsstand für Streitigkeiten nach dem Sitz der für die Prozessvertretung des Auftraggebers zuständigen Stelle.

(3) Es gilt das Recht der Bundesrepublik Deutschland.

§ 17 Schriftform

Änderungen oder Ergänzungen des Vertrages bedürfen der Schriftform.

Auftraggeber:	**Auftragnehmer:**
....	....
(Ort, Datum)	(Ort, Datum)

7.1.5 Dachflächennutzungsvertrag

Dachflächennutzungsvertrag

zur Installation und Betrieb einer Photovoltaikanlage

zwischen ....

Straße, Nr.: ....

PLZ, Ort: ....

Tel.: ....

Fax: ....

Nachfolgend „Gestattungsgeber" genannt

und ....

Straße, Nr.: ....

PLZ, Ort: ....

Tel.: ....

Fax: ....

Nachfolgend „Nutzer" genannt

wird für das Projekt

Straße, Nr.: ....

PLZ, Ort: ....

folgender Vertrag geschlossen:

§ 1 Vertragsgegenstand

1. Der Gestattungsgeber ist Inhaber und Eigentümer der Dachflächen der Gebäude der

   Musterschule

2. Lageskizzen des Gebäudes sind als Anlage beigefügt
   Die Vertragsparteien dieses Gestattungsvertrages sind der Gestattungsgeber und der Nutzer.

3. Der Gestattungsgeber gestattet dem Nutzer die Installation und den Betrieb einer Photovoltaikanlage auf dem Dach des bezeichneten *Musterschule*, die Verlegung der erforderlichen Anschlussleitungen, die Installation der erforderlichen Schalt- und Messanlagen sowie den Anschluss der Anlage an einen Telefonanschluss des Gestattungsgebers zum Zwecke der Fernüberwachung des Anlagenbetriebes.

4. Der erzeugte Strom wird in das öffentliche Netz eingespeist. Die hierbei entstehenden Kosten für die Einspeisung und Messung mittels geeichter Messeinrichtungen der *Stadtwerke xyz* trägt der Nutzer nach Rechnungslegung durch die Stadtwerke.

5. Die Lage der Photovoltaikanlage, der Verlauf der Anschlussleitungen sowie die Installationsorte für die sonstigen Anlagen sind in entsprechende Pläne einzuzeichnen. Diese Pläne sind Bestandteil dieses Vertrages. Für die Erstellung der Pläne stellt der Gestattungsgeber dem Nutzer je eine Kopie von bereits vorhanden Plänen der bestehenden Gebäude, die dafür erforderlich sind, kostenfrei zur Verfügung.

6. Den Gestattungsgeber treffen im Zusammenhang mit dem Einbau, der Instandhaltung, Instandsetzung, dem Betrieb der Photovoltaikanlage und des Telefonanschlusses sowie dem Abbau keinerlei Kosten, sofern in diesem Vertrag nichts anderes geregelt ist.

§ 2 Eigentum und Nutzungsrechte

1. Die Photovoltaikanlage, die verlegten Leitungen, die Schalt- und Messanlagen sowie die sonstigen vom Nutzer bzw. Eigentümer eingebrachten Sachen bleiben bis zum Ende der Laufzeit des Vertrages Eigentum des Nutzers.

2. Die Parteien sind sich darüber einig, dass die Photovoltaikanlage so installiert wird, dass sie ohne Aufwand am Gebäude und ohne Beschädigungsgefahr für das Gebäude oder von Teilen des Gebäudes einschließlich dem Dach wieder entfernt werden kann. Die Photovoltaikanlage wird auf einem geeigneten Befestigungssystem für die Flachdachmontage auf das Dach montiert.

3. Der Gestattungsgeber verpflichtet sich, bauliche Veränderungen sowie andere Maßnahmen an dem Gebäude oder auf dem Grundstück, die eine Leistungsminderung der Anlage bewirken könnten, dem Nutzer rechtzeitig anzuzeigen. Der Gestattungsgeber verpflichtet sich, etwaige Rechtsnachfolger insbesondere auf diesen Punkt des Nutzungsvorgangs hinzuweisen.

4. Der Betrieb der Photovoltaikanlage darf den normalen Betriebsablauf des Gestattungsgebers nicht beeinträchtigen.

5. Treten während der Vertragslaufzeit Schäden oder Mängel am Dach oder vom Dach ausgehende Schäden oder Mängel auf, wird zunächst eine Fachfirma mit der Klärung

der Ursache beauftragt. Bestehen danach Zweifel an der Schadensursache und/oder der Art ihrer Beseitigung, schaltet der Gestattungsgeber zur Klärung einen unabhängigen öffentlich bestellten und vereidigten Sachverständigen ein.
Die Mängel- und/oder Schadensbeseitigung erfolgt dann unverzüglich durch den Schadensverursacher. Er trägt auch deren Kosten sowie die Kosten des Sachverständigengutachtens.

§ 3 Nutzungsentgelt

Der Nutzer zahlt dem Gestattungsgeber nach Inbetriebnahme der Photovoltaikanlage ein symbolisches Nutzungsentgelt für das Dach von *100,00 € p. a* während der ersten 10 Nutzungsjahre und *300,00 € p. a.* ab dem 11. Nutzungsjahr.

§ 4 Bau-, Wartungs- und Reparaturmaßnahmen

1. Der Nutzer hat, sofern erforderlich, sämtliche öffentlich rechtlichen und zivilrechtlichen Genehmigungen in eigener Verantwortung einzuholen, Pläne prüfen und genehmigen zu lassen sowie die technischen und rechtlichen Voraussetzungen für die Errichtung der Photovoltaikanlage zu überprüfen.
   Das Ergebnis aller vorstehenden Prüfungen und Maßnahmen ist dem Gestattungsgeber vor Beginn der Baumaßnahme zur Kenntnis und Zustimmung vorzulegen.
   Der Gestattungsgeber erklärt sich bereit, alle Maßnahmen des Nutzers sowie seiner Beauftragten nach den geprüften Plänen und vorliegenden Genehmigungen zu gestatten, soweit sie notwendig sind
   – zur Errichtung
   – zum Anschluss an das Stromnetz
   – zum Betrieb bzw. zur Aufrechterhaltung des Betriebes
   – zur Fernüberwachung
   – sowie zur Wartung, Reparatur und/oder Instandsetzung/Instandhaltung der Photovoltaikanlage.

2. Der Nutzer wird alle Maßnahmen so mit dem Gestattungsgeber, insbesondere mit der Schulleitung, abstimmen, dass unbillige Beeinträchtigungen der Interessen des Gestattungsgebers ausgeschlossen sind.

3. Der Nutzer und seine Beauftragten haben nach Absprache innerhalb der Geschäftszeiten freien Zugang zu der Photovoltaikanlage und zu deren Installationen.

4. Der Gestattungsgeber ist rechtzeitig über die notwendigen Maßnahmen zu benachrichtigen, bei dringend erforderlichen Reparaturmaßnahmen ist eine kurzfristige Benachrichtigung ausreichend.

5. Der Nutzer verpflichtet sich, auf seine Kosten, die im Kaminschacht verlegten Leitungen zu entfernen und anderweitig zu verlegen, falls der Gestattungsgeber den Kamin für einen Turnhallenanbau benötigt.

§ 5 Laufzeit und Ende des Vertrages

1. Der Gestattungsvertrag beginnt mit dem Vertragsabschluss. Die Laufzeit beträgt 20 volle Kalenderjahre.
2. Nach Ablauf der Laufzeit von mindestens 20 Kalenderjahren hat der Gestattungsgeber eine Option auf den Erwerb der Photovoltaikanlage zum Nettopreis von *250 Euro* je 1 kWp elektrischer Leistung.
3. Wird diese Option nicht ausgeübt oder unterbleibt eine entsprechende Erklärung des Gestattungsgebers vor Ablauf von 19 Jahren nach Beginn der Stromerzeugung, verlängert sich die Laufzeit dieses Vertrages automatisch um weitere *5 Jahre*.
4. Sofern auch sechs Monate vor Ablauf einer Vertragsverlängerung keine Option ausgeübt wird, verlängert sich die Laufzeit stillschweigend um ein weiteres Jahr.

§ 6 Rücktrittsrecht und außerordentliche Kündigung

1. Beide Parteien haben das Recht, von diesem Vertrag zurückzutreten, falls nicht 12 Monate nach Vertragsabschluss die Montage der Photovoltaikanlage abgeschlossen ist und diese in Betrieb geht.
2. Der Nutzer hat jederzeit das Recht zur außerordentlichen Kündigung mit sofortiger Wirkung,

   a) falls der Gestattungsgeber ohne vorherige Zustimmung des Nutzers sonstige Maßnahmen trifft, die zu einer nachhaltigen Leistungsminderung der Solarkraftwerke führen. Der Nutzer kann in diesem Falle wahlweise die Anlage und deren Komponenten entfernen oder auf dem Dach des Gebäudes belassen. Kosten für den Nutzer dürfen dabei nicht entstehen,

   b) falls aus andern Gründen ein wirtschaftlicher Betrieb der Photovoltaikanlage nicht mehr gewährleistet ist. In diesem Fall hat der Nutzer die Anlage vollständig zu entfernen und den ursprünglichen Zustand wieder herzustellen. Dem Gestattungsgeber dürfen dabei keinerlei Kosten entstehen.
3. Der Gestattungsgeber hat ein außerordentliches Kündigungsrecht mit sofortiger Wirkung, wenn die Photovoltaikanlage länger als 12 Monate außer Betrieb ist und keine Reparatur oder Ersatzbeschaffung vom Nutzer eingeleitet wurde oder der Betrieb der Analge dem Gestattungsgeber erhebliche Nachteile bringt und der Gestattungsgeber dem Nutzer und dem Eigentümer dies bereits schriftlich angezeigt hat. In diesen Fällen hat der Nutzer die Anlage innerhalb von sechs Monaten auf seine Kosten völlig zu entfernen und den ursprünglichen Zustand wieder herzustellen. Diese Frist gilt auch für Absatz 2.

§ 7 Wiederherstellung

Sofern der Nutzer nach diesem Vertrag verpflichtet ist, die Anlage zu entfernen, hat er

a) die Anlage samt Zubehör vollständig vom Dach zu entfernen

b) sämtliche Anlagenteile zu entfernen.

Unter Putz verlegte Versorgungsleitungen stehen im Eigentum des Gestattungsgebers. Der Nutzer ist nicht verpflichtet, Leitungen zu entfernen, die optisch nicht erkennbar sind. Der Nutzer ist nur verpflichtet, den ursprünglichen Zustand der Wände, Tapeten u.ä. wieder herzustellen, soweit Leitungen über Putz gelegt worden sind.

§ 8 Haftung des Nutzers

1. Der Nutzer ist verpflichtet, eine Betriebshaftpflichtversicherung und eine Feuer-, Sturm-, Hagelversicherung für von der Photovoltaikanlage ausgehende Gefahren gegenüber Dritten einschließlich dem Gestattungsgeber abzuschließen und dem Gestattungsgeber auf Verlangen die Police vorzulegen.
2. Der Nutzer wird den Gestattungsgeber von allen versicherungsfähigen Ansprüchen Dritter im Zusammenhang mit dem Ein- und Ausbau, Betrieb und der Unterhaltung der Photovoltaikanlage freihalten. Der Haftungsschutz ist durch den Abschluss einer entsprechenden Versicherung vor Baubeginn nachzuweisen (auf Verlangen Vorlage der Police). Für unversicherbare Schäden durch die Anlage haftet der Nutzer.
3. Sollte die Photovoltaikanlage durch einen Dritten beschädigt worden sein und der Gestattungsgeber einen Schadensanspruch gegen den Dritten haben, so verpflichtet sich der Gestattungsgeber, seinen Anspruch dem Nutzer abzutreten.
   Der Gestattungsgeber hat den Nutzer unverzüglich in Kenntnis zu setzen, wenn
   a) die Beschaffenheit des Daches nicht mehr geeignet ist, die Sicherheit und die Standfestigkeit der Photovoltaikanlage zu gewährleisten, und der Gestattungsgeber dies erkannt hat,
   b) der Gestattungsgeber Dachreparaturarbeiten in Auftrag geben möchte,
   c) er andere bauliche Maßnahmen am Dach plant.

§ 9 Rechtsnachfolge

1. Alle Rechte und Pflichten der Vertragsparteien gelten auch zu Gunsten oder zu Lasten etwaiger Rechtsnachfolger, d.h. die Vertragsparteien verpflichten sich, diese jeweiligen vertraglichen Verpflichtungen etwaigen Rechtsnachfolgern aufzuerlegen. Unterlässt ein Vertragspartner dies, haftet er für die dem Vertragspartner dadurch entstandenen Nachteile.
2. Der Nutzer hat nur bei schriftlicher Zustimmung des Gestattungsgebers das Recht, seine Ansprüche aus diesem Vertrag abzutreten sowie seine Rechte und Pflichten an Dritte zu übertragen.
3. Zur Sicherung der vertraglich vereinbarten Verpflichtungen bildet der Nutzer eine Sicherheitsleistung von 10.000 Euro durch eine uneingeschränkte selbstschuldnerische Bürgschaftsübernahme eines im europäischen Wirtschaftsraum zugelassenen Kreditinstitut unter Verzicht auf die Einrede der Anfechtung, der Aufrechnung und der Vorausklage (§§ 770, 771 BGB). Die Bürgschaft ist unbefristet. Alle im Zusammenhang mit der Sicherheitsleistung anfallenden Kosten sind vom Nutzer zu tragen. Die Bürgschaft wird vom Gestattungsgeber in Anspruch genommen, wenn der Nutzer den Ver-

pflichtungen dieses Vertrages nicht nachkommt. Sie wird freigegeben, sobald das Gestattungsverhältnis beendet wird und feststeht, dass keinerlei Ansprüche des Gestattungsgebers gegen den Nutzer mehr bestehen.

§ 10 Abbau der Anlage bei Dachreparaturen

1. Im Falle einer Dachreparatur hat der Nutzer die Photovoltaikanlage auf seine Kosten zu entfernen. Nach Beendigung der Dacharbeiten ist der Nutzer unmittelbar zu informieren. Der Gestattungsgeber verpflichtet sich, der Neuinstallation der Anlage (ebenfalls auf Kosten des Nutzers) zuzustimmen.
2. Sollte ein Abriss des Gebäudes und ein Neuaufbau durch den gleichen Gestattungsgeber erfolgen, so gestattet der Gestattungsgeber die Neuinstallation der Photovoltaikanlage, sofern keine wichtigen Gründe entgegenstehen.

§ 11 Schlussbestimmungen

1. Änderungen und Ergänzungen des Vertrages bedürfen der Schriftform.
2. Gerichtsstand und Erfüllungsort ist <u>*Musterhausen*</u>.
3. Sollten einzelne Bestimmungen dieses Vertrages rechtsunwirksam sein oder werden oder sollten sich in diesem Vertrag Lücken ergeben, so soll hierdurch die Gültigkeit der übrigen Vertragsbestimmungen nicht berührt werden. Die Vertragspartner haben sich vielmehr so zu verhalten, dass der angestrebte Zweck erreicht wird und alles zu tun, was erforderlich ist, damit die Teilnichtigkeit unverzüglich behoben wird.
4. Anstelle der unwirksamen Bestimmungen oder zur Auffüllung von Lücken soll eine angemessene Regelung gelten, die dem am nächsten kommt, was die Vertragschließenden gewollt haben oder nach Sinn und Zweck des Vertrages gewollt haben würden, sofern sie die Nichtigkeit oder die nicht getroffene Regelung bedacht hätten.
5. Rechtsgestaltende Erklärungen sowie Mitteilungen nach §8 bedürfen der Schriftform.

Gestattungsgeber:	**Nutzer:**
....	....
(Ort, Datum)	(Ort, Datum)

Abkürzungsverzeichnis

AC	⇒ Wechselstrom
BSI	Bundesverband der Solarindustrie
DC	⇒ Gleichstrom
DIN	Deutsches Institut für Normung
DIN EN	Deutsches Institut für Normung. Europa Norm
DIN ISO	Deutsches Institut für Normung. International
DIN VDE	Deutsches Institut für Normung. Verband der Elektrotechnik-Elektronik-Informationstechnik
EEG	Erneuerbare-Energien-Gesetz
ESG-Glas	Einscheibensicherheitsglas
G-Wert	⇒ Gesamtenergiedurchlasswert
I	elektrischer Strom, ⇒ Einheit Ampère (A)
K	Kelvin
KfW	Kreditanstalt für Wideraufbau
kWh	⇒ Kilowattstunde
kW_p	⇒ $Kilowatt_{(Peak)}$
m^2	Quadtratmeter
MPP	maximum power point (Punkt maximaler Leistung)
MW_p	Mega $Watt_{(Peak)}$
PR	⇒ Performance Ratio
PV	Photovoltaik
S.T.C.	Standard Test Conditions (international festgelegter Test zur Leistungsfestlegung von PV Modulen)
UVS	Unternehmensverband der Solarindustrie
VDE	Verband der Elektrotechnik Elektronik Informationstechnik e.V. Frankfurt / Main
W_p	⇒ $Watt_{(Peak)}$

Quellennachweis

A

ADO	ADO Roste GmbH, Köln
Alwitra	Alwitra Flachdach-Systeme GmbH & Co,Trier-Irsch
ARCSO	architektur + solarenergie, Holzheim, Rhein-Lahn-Kreis www.arcso.de

B

Baum	www.baumev.de
BEAR	BEAR Architecten: www.bear.nl;
Blitzschutz	Blitzschutz von Photovoltaikanlagen Verband Deutsche Blitzschutzfirmen e.V., Köln
BSI	Bundesverband Solarindustrie e.V., Berlin www.bsi-solar.de

C

Colt	Colt International GmbH, Kleve
Conergy	Conergy AG, Hamburg
Consolar	Consolar GmbH, Lörrach
Creaglas	Creaglas GmbH, Gera

D

DGS	Deutsche Gesellschaft für Sonnenenergie, Landesverband Berlin Brandenburg e.V.
DEGER energie	DEGERenergie GmbH, Schopfloch

E

Ecofys / Econcern	Ecofys GmbH / Econcern, Köln
Ernst Schweizer	Ernst Schweizer AG, Hedingen

F

Flabeg	Flabeg Solar, Gelsenkirchen-Rotthausen

G

Greschbach	Greschbach Industrie- u. Verwaltungsbau GmbH, Karlsruhe

H

Hansgrohe	Hansgrohe AG, Schiltach
Hightex Group	www.hightexworld.com

I

INAP	INAP, Gelsenkirchen

K

KfW-Bank	KfW-Bank, Frankfurt, www.KfW-foerderbank.de
Krannich	Krannich Solartechnik
Konrad, Architekturbüro	www.konrad-architekten.de

L

Lafarge	Lafarge Roofing GmbH, Oberursel

O

Ove Arup & Partners	Ove Arup & Partners, London

P

Pfleiderer	Pfleiderer AG, Neumarkt

Q

Quaschning	Volker Quaschning (www.volker-quaschning.de)

R

Rheinzink	Rheinzink GmbH & Co.KG, Datteln
RWE	RWE Schott Solar GmbH, Alzenau

S

Saint-Gobain	Saint-Gobain Glass Solar GmbH, Aachen
Scheuten	Scheuten Solar Systems & Technology, Gelsenkirchen
Schneider	Astrid Schneider, Dipl. Ing. Arch, Berlin, Tel: 030-8225875
Schüco	Schüco International KG, Bielefeld
Schuler & Jatzlau	Schuler, Jatzlau & Partner, Ratingen
Shell	Shell Solar, München
SolarNext	SolarNext AG, Rimsting
Solar World	Solar World AG, Bonn
Solarnova	Solarnova Produktions- u. Vertriebsgesellschaft, Wedel
Solar.Trak	Solar.Trak, Lübeck
Solartec	Solartec Photo-Archiv
Solarwatt	Solar-Systeme GmbH, Dresden
Solon	Solon AG, Berlin
Sunways	Sunways AG Photovoltaic Technology, Konstanz

T

ThyssenKrupp	ThyssenKrupp AG, Düsseldorf
TÜV	TÜV Immissionsschutz und Energiesysteme GmbH Testzentrum Energietechnik, Köln

U

UmweltBank	UmweltBank AG, Abteilung Projektfinanzierung, Nürnberg www.UmweltBank.de

W

Wiebusch & Partner	Gerhard Wiebusch GmbH & Co.KG, Bargstedt
Würth	Würth Solar GmbH & Co. KG, Marbach

Literaturverzeichnis

Auer 2000 Auer, G.; Dimmler, B.; Lüling, C.; Architektur unter Strom: Photovoltaik gestalten. Tech. Universität Berlin, 2000

Behling 1996 Behling, Sophia und Behling, Stefan; Sol Power. The evolution of solar architecture. New York, Prestel, 1996

Bockmüller 1992 Bockmüller, A.; Dezentraler Einsatz von Photovoltaikanlagen in Gebäuden: Europäische Hochschulschriften: Reihe 37: Bd. 8: Lang, 1992

Compagno 1995 Compagno, A.; Intelligente Glasfassaden. Material, Anwendung, Gestaltung. Boston, Brinkhäuser Verlag, 1995

Daniel 1997 Daniel, K.; The technology of ecological building. Basic principles and measures, examples and ideas. Basel, Brinkhäuser Verlag, 1997

DIN 18516 Außenwandbekleidung, Hinterlüftung, 12/1999, Ersatz für Ausgabe 01/1990

DIN 4108 Wärmeschutz im Hochbau, Teil 3 Klimabedingter Feuchteschutz. Anforderungen und Hinweise für Planung und Ausführung, Tab. 1 . 08/1981

DIN EN 1024 Tondachziegel für überlappende Verlegung. Bestimmung der geometrischen Kennwerte. Deutsche Fassung EN 1024;1997. 06/1997.

DIN EN 61215 Terrestische-Photovoltaik-Module mit Silizium-Solarzellen. Bauarteignung und Bauartzulassung. (IEC 1215:1993); Deutsche Fassung EN 61215; 1995. 10/1996

Enquette 1995 Enquette-Kommission; Schutz der Erdatmosphäre; Bonn; Economia Verlag, 1995

Hagemann 1997 Hagemann, I.; Integration of photovoltaic in shading facade systems. Hawaii, USA IEEE Waikoloa, 1997

Hanus 2004 Hanus, Bo; Wie nutze ich Solarenergie in Haus und Garten; Poing; Franzis, 2004

Haselhuhn 2005 Haselhuhn, R.; Photovoltaik – Gebäude liefern Strom; TÜV Verlag; 2005

HEA 2004 Fachverband für Energie, Marketing und Anwendung (HEA) e.V., VDEW; Photovoltaik – Strom aus der Sonne; Frankfurt/Main; VWEW Energieverlag, 2004

Henze 2002 Henze, A., Hillebrand W.; Strom von der Sonne: Photovoltaik in der Praxis. Staufen bei Freiburg; Ökobuch, 2002

Hullmann 1996 Hullmann, H.; Photovoltaics in buildings. London; James & James Ltd, 1996

Hullmann 2000 Hullmann, H.; Photovoltaik in Gebäuden; Fraunhofer IRB Verlag, 2000

Humm 1993 Humm, O., Toggweiler, P., Brändli, N., Wibaut, H.-D.; Photovoltaics in architecture. Boston; Bickhäuser, 1993

Kiraly 2001 Kiraly, J.; Architektur mit der Sonne. Karlsruhe; Müller, 2001

Kolb 1991 Kolb, G.; Grundlagen der Photovoltaik. Jülich; Forschungszentrum, 1991

Konrad 2005 Konrad, F.; Photovoltaik – Kontruktiver Leitfaden zur Planung von gebäudeintegrierten PV-Anlagen; FH Wiesbaden FB Architektur, 2005

Krawietz 2003 Krawietz, S.; Gebäudeintegrierte Photovoltaik in Europa. Würzburg, 2003

Kupferinstitut 2002 Deutsches Kupferinstitut; Architektur und Solarthermie. Darmstadt; Deutsches Kupferinstitut, 2002

Ladener 2002 Ladener, H., Humm, O., Stenhorst, P.; Solare Stromversorgung, 2002

Luque 2003 Luque, A., Hegedus S.; Handbook of photovoltaic, science and engineering; Wiley & Sons, 2003

Nagel 1998 Nagel, U.; Baustellen-Management. Bauwesenverlag, 1998

Pekis 2003 Glasmalerei Pekis GmbH; Photovoltaik in Verbindung mit Glasgestaltung. Detmold; Bösmann Verlag, 2003

Rexroth 2002 Rexroth, S.; Gestalten mit Solarzellen-Photovoltaik in der Gebäudehülle. Heidelberg; Müller Verlag, 2002

Schneider 1996 Schneider, A.; Solararchitektur für Europa. Basel; Birkhäuser, 1996

Schmid 1995 Schmid, J.; Photovoltaik. Ein Leitfaden für die Praxis. Bine/TÜV Rheinland, 1995

Seltmann 2000 Seltmann, T.; Photovoltaik: Strom ohne Ende. Solarpraxis, 2000

Sieber 1991 Sieber, H. G. und Walter A.; Architektur unter der Sonne. DBZ 06/1991, S. 907-912

Stark 2000 Stark, T.; Energie Photovoltaik-Architektonische Gebäudeintegration. Stuttgart; Landesgewerbeamt Baden Württemberg, 2000

Stark 2003 Stark, T.; Untersuchung zur aktiven Nutzung erneuerbarer Energien am Beispiel eines Wohn- und eines Bürogebäudes. Fraunhofer IRB Verlag, 2003

Stocklas 2002 Stocklas, K.; Entwerfen mit der Sonne. Fraunhofer IRB Verlag, 2002

Verzeichnis der Begriffe und Definitionen

A

a-Si	⇒ Silizium, amorph
AC	⇒ Wechselstrom
Ampère [A]	Einheit für die elektrische Stromstärke
Ampèrestunde [Ah]	Einheit für die Ladung (Produkt aus Stromstärke und Zeit) [1 Ah = 3.600 C (Coulombi)]
Auf-Dach-Montage	Art der Anordnung von photovoltaischen Modulen mit geringem Abstand oberhalb eines geneigtes Daches. Dabei kann die Neigung der Module auch von der Dachneigung abweichen.
Azimutwinkel	Der in der Horizontalebene projizierte Winkel zwischen der Sonnenrichtung und der Nordrichtung, gemessen im Uhrzeigersinn.

D

DC	⇒ Gleichstrom
Deckungsrate, solare	Anteil der von Photovoltaik erzeugten Energie am gesamten elektrischen Energiebedarf eines Systems (z. B. Gebäude)
Dünnschichttechnik	Kostengünstige und materialeinsparende Technik zur Herstellung von dünnen ⇒ *Solarzellen* durch Abschneiden auf ein Trägermaterial aus Glas, Metall- oder Plastikfolien. Sie ermöglicht großflächige Solarzellen.

G

Gebäudehülle	Die Außenhaut eines Gebäudes als Wetterschutz des Innenraums. Hierzu gehören die Außenwände einschließlich Fenster und Türen sowie das Dach.

Generator	Verschaltetes System von photovoltaischen ⇒ Modulen, das als Elektrizität erzeugende Einheit arbeitet. Die Module sind als eigenständige Struktur auf einem gemeinsamen Traggerüst angeordnet. Bei kleineren Systemen kann das photovoltaische Feld auch aus einem einzelnen Modul und der Tragstruktur bestehen.
Gleichstrom	DC, elektrischer Strom, bei welchem die Ladungsträger nur in einer Richtung fließen. Gegensatz zu ⇒ Wechselstrom
G-Wert:	Bezeichnet die Gesamtenergiemenge, die durch ein Bauteil hindurch tritt.

H

Hot-spot-Effekt	Erhitzung einer einzelnen Zelle dadurch, dass diese zur Last wird; kann z. B. bei Teilverschattung von Modulen auftreten.

I

Inselsystem	Autarkes photovoltaisches System, das nicht mit einem Versorgungsnetz verbunden ist. Es kann über eine Energiespeicherung verfügen, was bei den meisten Inselsystemen, z. B. in Form von Batterien, der Fall ist.
ISPRA-Richtlinien	Richtlinie für die Bewertung von Photovoltaischen Anlagen, veröffentlicht durch das Joint Research Center der Commision der Europäischen Gemeinschaft in Ispra, Italien.

K

Kelvin	(Abk. K): Basiseinheit der thermodynamischen Temperatur. Für die Temperaturdifferenz gilt: 1 °C ≅ 1 K, Umrechnung: 0 °C = 273,15 K
Kilowattstunde [kWh]	Eine Leistung von 1.000 Watt [W] über den Zeitraum von einer Stunde [h]. Die Kilowattstunde ist eine Einheit für Energie [1 kWh = 3.600 kJ]
kW_p	1.000 W_p ⇒ Watt-Peak

M

Maximum Power Point	(Abk. MPP): Punkt maximaler Leistung. An diesem Punkt der Spannungskennlinie kann die maximale Leistung entnommen werden.
Megawatt Peak	(Abk. MW_p): Maßeinheit für Leistung. 1 MWp = 1.000 kWp = 1.000.000 Wp
Modul, photovoltaisches	Wetterfest gekapselte Grundeinheit eines photovoltaischen ⇒ Generators mit mehreren miteinander verschalteten ⇒ Zellen.
Multikristallin	⇒ Silizium, multikristallin

N

Nennkapazität	⇒ Kapazität
Netzverbundsystem	PV-System, das im Verbund mit einem öffentlichen Versorgungssystem arbeitet ⇒ PV-System, netzgekoppelt

O

Oberlicht	Lichtöffnung in einem Dach mit transluzentem oder transparentem Material, fest verglast oder zum Öffnen.

P

Pfosten-Riegel-Konstruktion	Häufige Tragkonstruktion bei ⇒ Vorhangfassaden. Sie besteht aus vertikalen Pfosten und horizontalen Riegeln.
Photovoltaik	Umwandlung von Licht in Elektrizität
Polykristallin	⇒ Silizium, multikristallin
PV-Generator	⇒ Generator, photovoltaischer

PV-System	Photovoltaisches System als Gesamteinheit aller Komponenten zur Umwandlung von Sonnenlicht in elektrische Energie.
PV-System, autarkes	⇒ Inselsystem
PV-System, hybrides	⇒ PV-System, in welches neben dem PV-Generator eine oder mehrere weitere Energiequellen eingebunden sind, z. B. Dieselgeneratoren, Windgeneratoren
PV-System, netzgekoppelt	Ein PV-System, bei welchem die Generatorfelder wie „Kraftwerke" Leistung an das Netz abgeben. Es können auch einzelne Gebäude mit PV-Anlagen ausgestattet sein, die in das Netz einspeisen, wenn sie Überschussenergie erzeugen. Während der Nacht und in strahlungsarmen Zeiten werden die Haushalte mit Strom aus dem Netz versorgt.

S

Silizium, amorph	a-Si, Silizium, bei dem die Atome unregelmäßig angeordnet sind (⇒ Dünnschichttechnik)
Silizium, monokristallin	Aus Silizium-Einkristallen, z. B. nach dem Czochralsky-Verfahren hergestelltes Silizium. Die Atome sind über den gesamten Materialblock völlig regelmäßig angeordnet.
Silizium, multikristallin	Silizium, bei welchem beim Abkühlen der Schmelze viele kleine Kristalle entstehen. Herstellung z. B. nach dem Blockgussverfahren oder nach dem EFG-Verfahren (Edge defined Film Growth). Die Atome innerhalb eines einzelnen Kristalls sind symmetrisch angeordnet, während die Lage der Kristalle zueinander unregelmäßig ist. Anstatt der Vorsilbe „multi-„ wird auch die Vorsilbe „poly-„ verwendet.
Solarzelle	⇒ Zelle, photovoltaische
Standard-Test-Bedingungen	STC Solare Einstrahlung: 1.000 W / m² Zelltemperatur: 25°C Spektrum: AM 1,5
Strang, photovoltaischer	Verbindung einzelner Module oder gleicher Gruppen aus mehreren parallel geschalteten Modulen in Reihe.

Stromstärke	⇒ Ampère
Structural Glazing	Verglasungssystem für Fassaden, bei welchem die Verglasung auf die tragenden Profile aufgeklebt und die Abdichtung durch Silikon hergestellt wird. Diese Systeme erfordern keine außen liegenden mechanischen Befestigungen, so dass auch keine Profile erforderlich sind, die Teilverschattungen bewirken können.
Substrat	Trägerschicht, z. B. bei Dünnschichtzellen ⇒ Dünnschichttechnik

T

Tageslichtquotient (TQ):	bezeichnet das Verhältnis der Außenbeleuchtungsstärke zur Innenbeleuchtungsstärke in % wird bezogen auf den bedeckten Himmel.
Transmissionsgrad:	Gibt an, wieviel Prozent des Tageslichtes durch ein Bauteil durch gelassen wird.

V

V_{AC}	Einheit für die Wechselspannung [V_{AC}]
V_{DC}	Einheit für die Gleichspannung [V_{DC}]
Volt [V]	Einheit für die elektrische Spannung [V] als Maß für die treibende Kraft der Elektronen in einem Stromkreis. Ein Volt erzeugt Strom von einem Ampère bei einem Widerstand von einem Ohm.
Vorhangfassade	Nichttragende Außenwand eines Gebäudes als Wetterschutz außerhalb der Tragstruktur, üblicherweise aus Glas und Metall.

W

Wärmebrücke	Stellen in einer Gebäudehülle, die einen wesentlich geringeren Wärmedurchlasswiderstand haben als andere Wand- und Dachteile. Folge sind ein lokaler Wärmefluss (Wärmeverlust) und tiefere raumseitige Oberflächentemperaturen. An diesen kühlen Flächen der Innenräume kann die in der Raumluft enthaltene Feuchtigkeit kondensieren und so zu Kondensationsschäden führen. *(Bemerkung: Es gibt keine Kältebrücken!)*
Watt [W]	Einheit für die elektrische Leistung [W] oder für die Arbeit pro Zeiteinheit. Strom von einem Ampère, der bei einer Spannung von einem Volt fließt, erzeugt eine Leistung von einem Watt.
Watt-Peak [W_p]	Leistung einer Photovoltaischen Zelle, eines Moduls oder eines Generators bei standardisierten Einstrahlbedingungen (⇒ STC, Standard Test Conditions)
Wattstunde [Wh]	Eine Leistung von einem Watt [W] über den Zeitraum einer Stunde [h] ⇒ Kilowattstunde
Wechselrichter	Ein PV-Wechselrichter wandelt Gleichspannung und den Gleichstrom des PV-Generators (DC) in ein- oder mehrphasige Wechselspannung oder Wechselstrom (AC).
Wechselstrom	AC. Elektrischer Strom, bei dem die Flussrichtung in Intervallen wechselt, üblicherweise 100-mal pro Sekunde (50 Zyklen pro Sekunde oder 50 Hz)
Wirkungsgrad	Bei PV-Modulen das Verhältnis von angegebener elektrischer Energie zu eingestrahlter Solarenergie unter ⇒ Standard-Test-Bedingungen STC, sinngemäß auch für PV-Generatoren und PV-Systeme.

Sachwortverzeichnis

A

B

C

D

E

F

G

H

I

K

L

M